Siegfried Bütefisch
Jörg Petermann

Der rote Fisch 5

Impulse für werbewirksame
Gestaltung und Kommunikation

Leitfaden 5
**Erfolg im Internet
und in digitalen Medien**

Zu diesem Leitfaden

Ein Leitfaden für alle, die mit einer eigenen Webauftritt starten oder eine bestehende Seite optimieren wollen. Im Fokus stehen die Dinge, die Sie und ihr Internetteam tun können ohne viel von den technischen Grundlagen verstehen zu müssen. Mit modernen Content-Management-Systemen und entsprechenden Partnern können Sie viel für Ihren Interneterfolg tun – ohne HTML- und Webhosting Kentnissen.

Der Nutzen dieser Lektüre ist unter anderem: Sie verstehen die Grundlagen erfolgreicher Websites. Sie formulieren und gliedern Ihren Internetauftritt künftig so, dass Ihre Seiten besser gefunden werden; Sie gestalten Ihre Seiten ansprechend und benutzerfreundlich; Sie wissen, wie Sie mit Ihrer Webseite Mehrwert generieren; Sie sind fit, Ihre Seiten selbstständig zu optimieren und zu pflegen; Sie pflegen Ihren Auftritt effektiv und ergebnisorientiert – gerade auch im Team; Sie wissen, welche Partner Sie ins Boot nehmen, damit sich Ihr Internetauftritt rechnet. Mit diesem Nachschlagewerk gelingt die Kommunikation auf Augenhöhe mit Ihren professionellen Partnern.

Zu den Autoren

Siegfried Bütefisch ist Dipl. Grafik Designer, Coach und Autor. Er begleitet, berät und trainiert Organisationen und Unternehmen im Bereich Marketing und Organisation.

Jörg Petermann ist Dipl.-Ing. für Informationstechnik, Berater und Inhaber der Internet-Agentur einfachpersönlich. Er konzipiert und realisiert strategische Internetprojekte. Darüber hinaus berät, begleitet und trainiert er Organisationen und Unternehmen im Bereich Content-Management, Webdesign und Suchmaschinenoptimierung.

Das Internet macht doof.
Henryk M. Broder

Browser. Was sind'n jetzt nochmal Browser?
Bundesjustizministerin Brigitte Zypries,
Juni 2007

Das Internet ist eine Spielerei für Computerfreaks, wir sehen darin keine Zukunft.
Chef der Telekom, Ron Sommer
Anfang 1990

Ich sage voraus, dass sich das Internet bald zu einer Supernova aufbläht und 1996 katastrophal kollabieren wird.
Entwickler des Ethernets, Robert Metcalfe
Mitte 1995

Meinungen sind *Mein*ungen
Siegfried Bütefisch

Irren ist menschlich – dazulernen hoffentlich auch!
Sprichwörtliches

Die Deutsche Nationalbibliothek verzeichnet diese Publikation in der Deutschen Nationalbibliografie, detaillierte bibliografische Daten sind im Internet über dnb.d-nb.de abrufbar

1. Auflage 2014
© 2014
Siegfried Bütefisch, Schlaitdorf
Jörg Petermann, Rottmersleben

Herstellung und Verlag:
BoD – Book on Demand, Norderstedt

Umschlag, Layout, Grafiken:
www.buetefisch.de,
Siegfried Bütefisch, Madeleine Stöhr
weitere Abbildungen:

ISBN ISBN 978-373-579-252-5

Inhalt

Vorwort   7

Wirkung erzielen geht nicht nebenbei

    Packen Sie es an, es lohnt sich   10

Basiswissen für Website-Betreiber

    Ohne Besucher ist eine Webseite nichts   13
    Funktion bedeutet mehr als Ästhetik   15
    Internet ist Teamarbeit   16
    Der Content macht den Unterschied   16
    Mit 20% Aufwand 80% Erfolg   17
    Internet – ein Medium im Wandel   18

Erfolg ist kein Zufall

    Die 7 Erfolgsfaktoren eines Webauftritts   25
    Suchmaschinenoptimierung und SEO-Partner   28
    Besucherstatistik auswerten   30
    Ladezeiten entscheiden   32
    Auf den Quellcode kommt es an   33
    Lernen von den Mitbewerbern   34

Fortsetzung auf der nächsten Seite

Inhalt Fortsetzung

Optimierung der Website konkret

Strategisch ans Ziel in 3 Phasen	36
Zeit für Checklisten, Zeit für Analysen	38
Erfolgsfaktor 1: Webdesign	43
Erfolgsfaktor 2: Aktueller und gehaltvoller Content	49
Erfolksfaktor 3: Das passende Content-Management-System (CMS)	58
Erfolgsfaktor 4: Leistungsfähige Partner und Mitarbeiter	70
Erfolgsfaktorfaktor 5: Optimierung für Suchmaschine UND Mensch	74
Erfolgsfaktorfaktor 6: Verlinkung und externe Suchmaschinenoptimierung	90
Erfolgsfaktor 7 Systematische Optimierung und Weiterentwicklung	99
Rechtliches	102

Anhang

Fachausdrücke und ihre Bedeutung	107
Weiterführende Medien und Links	128
Weitere Leitfäden dieser Reihe	132

Vorwort

Liebe Leserin, lieber Leser

Wir möchten Ihnen Umwege ersparen

Egal, ob Sie mit Ihrer Website ambitionierte Ziele verfolgen oder nur das Nötigste tun möchten – ohne das Wissen über die Zusammenhänge, werden Sie Zeit und Geld verschwenden. Zu unüberschaubar sind heutzutage die Angebote und Möglichkeiten im Internet.

Immer geht es um Fragen: Was brauche ich? Was brauche ich nicht? Was kann ich selbst tun und wovon sollte ich im Zweifel besser die Finger lassen und einen Profi hinzuziehen? Erfahren Sie, wie Sie auf dem Weg zur optimalen Website Nerven, Zeit und Kosten sparen.

Der Inhalt ist so aufgebaut, dass Sie immer tiefer ins Thema Internet einsteigen. Sie werden die Zusammenhänge mehr und mehr verstehen.

Im letzten Kapitel bekommen Sie genau die Informationen um loszulegen. Es geht um die drei Arbeitsphasen für einen guten Internetauftritt. Dabei dient Ihnen nun der Leitfaden als Nachschlagewerk und Impulsgeber auf Ihrem Weg. Im Anhang finden Sie zudem ein ausführliches Stichwortverzeichnis sowie Hinweise auf weiterführende Medien und Informationen.

Leitfäden für die Praxis

Eine Lektüre für Macher

„Der rote Fisch" ist eine Sammlung von 7 Leitfäden, die jeweils ein abgeschlossenes Thema behandeln. Diese Leitfäden sind geschrieben für die Praxis, für „Macher" im Bereich Marketing und Kommunikation, also für

- Gestalter, Studenten und Auszubildende im Bereich Mediengestaltung

- Werbeleiter und Entscheider im Marketingbereich

- alle, die mit Wörtern, Bildern, Medien und ihrer Persönlichkeit Menschen erreichen, überzeugen und gewinnen möchten

Aus dem Leitfaden 5 ist, dem umfangreichen Thema entsprechend, ein Buch geworden – und es ist eine Gemeinschaftsproduktion. Erfolgreiche Webauftritte fordern nicht nur die Text- und Gestaltungskompetenz eines Werbers, sondern zugleich auch die technische Kompetenz eines Webentwicklers. Unser Anspruch ist es, in knapper und übersichtlicher Form Impulse für grundlegende Verbesserungen zu geben. Denn selten mangelt es an Worten und Informationen. Es mangelt daran, Wissen umzusetzen – intelligent, zielstrebig, motiviert und zeitnah. Konzentrieren Sie sich deshalb auf das Wesentliche. Jede Kette ist nur so stark wie ihr schwächstes Glied. Machen Sie wenig, aber dieses gut. Dadurch erreichen Sie mit dem geringsten Aufwand die größte Wirkung. Das ist es, was gute Werbung ausmacht.

„Weniger ist mehr."

Doch „das Wenige" fällt niemandem in den Schoß. Das Wenige muss erarbeitet werden. Das Wenige kostet Zeit und zeigt Können. Das Wenige braucht Mut zur Entscheidung und Reduktion. An dieser Stelle ein Wort an alle Leserinnen: Bitte fühlen Sie sich wertgeschätzt, auch wenn wir auf weibliche Anredeformen verzichten. Wirklich konsequentes „gendern" (ein

Beispiel für ein unschönes Wort) macht kurze Formulierungen unmöglich. Müsste ein Bürgersteig nicht auch Bürgerinnensteig genannt werden? Wird einer Zimmerfrau eher ein Staubwedel als ein Hammer zugestanden? Ich glaube, Achtung sollte sich anders ausdrücken als durch verquere politisch korrekte Formulierungen. Genauso wenig braucht es Anglizismen und „Werbesprech", um Kompetenz auszudrücken.

Die Qualität einer Lektüre misst sich an der Wirkung

Diese Leitfäden sind nicht geschrieben um sich zurückzulehnen, sondern um die Ärmel hochzukrempeln. So sind es Leitfäden der Tat – ähnlich Workshops, nur in Buchform mit Übungen, Reflektionen, Links und Inspirationen. Sie sind geschrieben, um Ihre Sinne zu schärfen. Lassen Sie sich darauf ein – mit Intuition, Intellekt und Herz. Viele Wege führen zum Ziel, finden Sie den Ihren. Profitieren Sie von bewährten Regeln und Prinzipien und nutzen Sie Ihre Freiheit, um sie kreativ zu interpretieren:

„Man sollte die Regeln kennen, die man bricht."

Wir wünschen Ihnen viel Spaß bei der Lektüre und danken Ihnen im Voraus für Ihr Feedback, Ihre Kritik und Ihre Anregungen zu diesem Leitfaden.

Siegfried Bütefisch
Jörg Petermann

Noch ein wichtiger Hinweis:

Alle Angaben und Informationen entsprechen unserem aktuellen Wissen. Doch das Internet ist ein Medium im stetigen Wandel, so können wir für die Richtigkeit der Angaben keine Haftung übernehmen. Besonders gilt das für juristische und rechtliche Informationen.

Wirkung erzielen geht nicht nebenbei

Packen Sie es an, es lohnt sich

Der Aufwand für Ihre Website soll sich rechnen, oder?

Sie möchten mit Ihren Seiten Besucher anziehen und für Ihre Sache gewinnen. Gleichzeitig möchten Sie von den Suchmaschinen gefunden werden? Sie möchten mit Ihrer Internetpräsenz letztendlich „verkaufen", Ihre Zielgruppe überzeugen. Dabei ist es grundsätzlich egal, ob es um Informationen, Botschaften, Produkte, Dienstleistungen oder das Image geht. Damit dies gelingt, braucht es Know-how und die Investition von Zeit und Geld. Es braucht eine Professionalität und entsprechendes Handeln. Dabei gilt:

> *Das Konzept, das Layout und die Einrichtung bindet weniger Ressourcen als der laufende Betrieb, die Wartung, die Optimierung und dynamische Anpassung.*

Aber nur wenn Sie Ihre Seite entsprechend „pflegen", werden Sie mit Ihrem Auftritt das erreichen, was Sie möchten! Noch zwei Begriffserklärung zum besseren Verständnis: Website bedeutet Webauftritt. Das steht im Gegensatz zur Webseite, einer einzelnen Seite eines Webauftrittes.

Hoffentlich trifft nicht Folgendes auf Sie zu:

> *Mein Auto bringe ich mindestens ein Mal im Jahr zur Wartung und Pflege. Unsere Website kommt dagegen weitgehend ohne Wartung und Pflege aus.*

In diesem Fall ist es höchste Zeit zu handeln. Von Zeit zu Zeit nur einige Worte zu aktualisieren, reicht bei weitem nicht aus! Nach der Lektüre dieses Leitfadens werden Sie wissen, was einen erfolgreichen Internetauftritt ausmacht und was Sie und Ihre Mitstreiter dafür tun können. Bewusst haben wir bei allen Impulsen Ihr Budget im Blick. Denn Kosten und Nutzen müssen in einem gesunden Verhältnis stehen.

Gute Internetauftritte bringen mehr, als sie kosten!

Dieser Leitfaden richtet sich an alle, die ihren eigenen Auftritt vorbereiten, neu konzipieren oder optimieren wollen. Der Fokus liegt dabei nicht auf technischem Spezialwissen, sondern auf den Dingen, die Sie und Ihr Team selbst voranbringen können. Wahrscheinlich werden Sie in bestimmten Bereichen professionelle Unterstützung benötigen. Aber Sie werden mit dem Know-How dieses Leitfadens diese „Profis" effektiv ins Spiel bringen. Sie werden Ihr Ziel erreichen: eine ansprechende, benutzerfreundliche, klar strukturierte und suchmaschinenoptimierte Website. Denn:

Internet ist so wichtig wie ein Telefon!

Lassen Sie sich aber nichts vormachen. Manche möchten Ihnen das Internet und andere neue digitale Medien als erfolgreiches Geschäftsmodell und Gelddruckmaschine verkaufen. Oft sind gerade diese Versprechungen das Geschäftsmodell – aber nicht für Sie, sondern für den, der Ihnen diese Sache verspricht. Natürlich wird für einige der Internetauftritt die entscheidende Grundlage des Erfolges sein. Bei vielen ist das Internet aber nur ein wichtiger Baustein im Marketingkonzept! Nicht jede Botschaft, jedes Produkt und jede Dienstleistung eignen sich dafür, überwiegend über das Medium Internet vertrieben zu werden. Deshalb müssen erfolgreiche Internetauftritte immer im Gesamtkonzept der Werbung und Öffentlichkeitsarbeit gesehen werden. Dieser Punkt ist so wichtig, dass hier in Kürze ein weiterer Leitfaden „Wirkung potenzieren durch Werbe-Mix" in dieser Reihe erscheinen wird.

Denken Sie immer daran: Ihre Internetseite wird nicht nur über Suchmaschinen und andere Internetseiten gefunden!

Offline Reize bewirken Online-Suche.

Nutzen Sie alle Informationskanäle und spielen Sie die Stärken der jeweiligen Werbemedien aus. Überlegen Sie, welche Botschaften Sie in welchem Medium am sinnvollsten, am MERKwürdigsten (Sie müssen Spuren hinterlassen, die sich Menschen wirklich merken!) veröffentlichen. Beispielsweise kann ein kurzer griffiger Slogan auf einer Postkarte der Türöffner für eine umfangreiche und (aktuelle) Informationssuche im Internet sein. Oft reicht ein griffiger Domainname auf einem Fahrzeug aus, damit potenzielle Interessenten mit Ihnen Kontakt aufnehmen. Das Internet ist die Informationsquelle über Ihr Unternehmen und Ihre Organisation!

Ohne einen guten Internetauftritt haben Sie es schwer. Das Internet hat Ihre volle Aufmerksamkeit verdient.

Und noch ein wichtiger Hinweis für Sie. Wenn Sie beim Lesen über Begriffe stolpern, die noch keinen Sinn für Sie machen, schauen Sie bitte im Anhang nach. Dort finden Sie die meisten wichtigsten Begriffe erklärt. Und sonst gibt es ja noch das Internet zum googeln ...

Wichtige Impulse auf einen Blick

Professionelle Ansprüche an eine Website erfordern Know-how, Zeit und Geld. Konzept, Gestaltung, Einrichtung und laufender Betrieb sind eine **Investition** in die Zukunft.

Eine Website muss mehr bringen als kosten. Die Wirkung, die Sie mit der Website erzielen, dient dabei als Maßstab im Vergleich zu den eingesetzten Ressourcen.

Eine Website ist heute **ebenso wichtig** wie ein Telefon. Mit anderen Marketing-Aktivitäten sinnvoll verzahnt, erzielen Sie die besten Ergebnisse.

Basiswissen für Websitebetreiber

Ohne Besucher ist eine Website nichts

Suchmaschinen sind die „Hauptlieferanten" für Website-Besucher.

Allerdings gibt es unter diesen Suchmaschinen nur wenige, die wirklich relevant sind: Ob Sie es mögen oder nicht: In Deutschland steht Google an der ersten Stelle. Das verleiht Google eine große Macht – und Ihnen, wenn Sie bei Google gut gelistet sind.

An dieser Stelle einige Gedanken zur „dunklen" und „hellen" Seite dieser Macht: Die großen „Internetimperien" (Google, Amazon, Facebook, YouTube, Twitter, Spotify etc) haben eine weitreichende Macht. Sie wird genutzt um hervorragende Geschäfte zu machen. Das zeigen nicht nur Boni für Führungskräfte im 3-stelligen Millionenbereich. Grundlage dieser Geschäfte sind Daten (auch Ihre!) und Informationen. Seien Sie deshalb niemals blauäugig, wenn es um Datenschutz, Ihre Privatsphäre oder Geschäfte im Internet geht. Das Internet bietet Chancen und Risiken – für Sie und für die Gesellschaft. Nutzen Sie die Chancen und Entwicklungen – die Sie nicht aufhalten werden – intelligent, mutig, aber nicht leichtsinnig. Die Welt des Big Data hat schon vieles verändert und wohin das führen wird ist Spekulation. Sicher ist nur: Es wird Licht und Schatten geben und alle Zukunftsprognosen werden danebenliegen. Wie üblich! Bleiben Sie kritisch aufmerksam und gut informiert. Nun aber zurück zum eigentlichen Thema:

Wie kommen Besucher auf Ihre Seite?

Ca. 90% der Websitebesucher in Deutschland kommen über die Suchmaschine Google auf bestimmte Internetseiten. Das Googeln ist nicht umsonst in den Duden aufgenommen worden. Zum Vergleich: Der Anteil der Yahoo-Benutzer in Deutschland liegt bei ca. 1%. Die Suchmaschine Bing von Microsoft liegt in Deutschland bei ca, 3 %.

Nur die ersten Treffer bei Google zählen

Ihr Ziel muss sein, unter die ersten 10 Suchmaschinentreffer zu kommen. Es ist eine Tatsache: Google-Nutzer klicken hauptsächlich die Seiten an, die ihnen zuerst präsentiert werden.

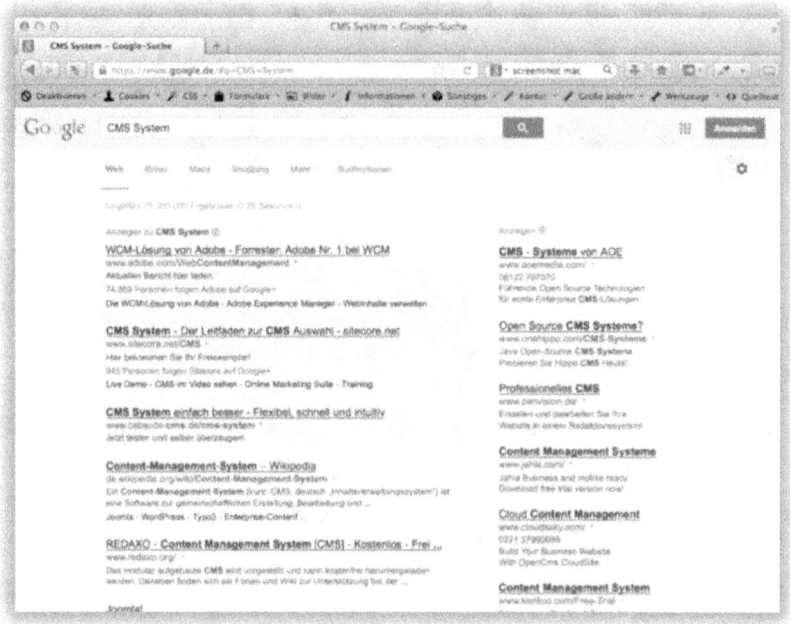

Eine vordere Position in der Suchmaschine Google erreichen Sie auf zwei Wegen:

1. durch eine suchmaschinenoptimierte Website mit gutem Inhalt/Content. Wie Ihnen das gelingt ist das zentrale Thema dieses Leitfadens.

2. durch bezahlte Werbeeinträge bei Google-AdWords. Wie Sie diese Werbeeinträge realisieren, erklärt sich einfach und intuitiv.

Im **Fall 1** sprechen wir von sogenannten organischen Suchmaschinen-Ergebnissen. Diese sind kostenfrei und beziehen alle Webseiten mit ein, die im Suchmaschinen-Index von Google aufgenommen wurden. Google ermittelt dann bei jeder Suche eine Liste von relevanten Webseiten, die am besten zur Suche passen. Gut wenn Ihre Website mit dabei ist.

Im **Fall 2** bezahlen Website-Betreiber für die Listung Ihrer Website. Sie werden dafür auf Anzeigeplätzen (siehe Abbildung) platziert. Anzeigen finden Sie meist oberhalb der Suchergebnisse und rechts in der Spalte neben den Suchergebnissen. Hier gibt es unterschiedliche Abrechnungsmodelle. Meistens zahlt der Anzeigenkunde für jeden Klick.

Funktion bedeutet mehr als Ästhetik

Von Lob für eine schöne Seite haben Sie wenig!

Ihre Seite kann noch so gut aussehen: Wenn Ihre Website im Internet nicht gefunden wird, erreichen Ihre Texte, Abbildungen, Fotos, Audio- und Videoinhalte keine Leser. Und selbst wenn Ihr Besucher über eine bezahlte Werbung auf Ihrer Seite gelandet ist, ist das nur der erste Schritt zum Erfolg. Der zweite Schritt ist, dass sich dieser Besucher wohl fühlt und sich mit Ihren Themen und Botschaften beschäftigt. Der dritte Schritt, der letztendlich über den Erfolg entscheidet, dass der Benutzer entsprechend Ihren Absichten reagiert, z. B. mit Ihnen Kontakt aufnimmt oder bestellt.

Sorgen Sie deshalb für eine funktionelle Benutzerführung und eine klare Website-Struktur. Vermeiden Sie visuelle Irritationen. Dekoratives Beiwerk stört fast immer! Denken Sie daran, dass viele Seiten heute auch auf einem kleinen Handydisplay noch übersichtlich wirken müssen. So gilt und das fällt manchmal besonders Mediengestaltern schwer:

> *Internetseiten sind keine Spielwiese für Gestalter und Texter, aber auch nicht für Programmierer. Internetseiten müssen einen funktionalen Zweck erfüllen.*

Internet ist Teamarbeit

Nur gemeinsam sind Sie stark.

Erfolgreiche Internetseiten müssen heute verschiedenste Funktionen erfüllen. Das bedeutet, dass unterschiedliche Kompetenzen gefragt sind. Es geht Inhalt, Technik, um Gestaltung, Suchmaschinenoptimierung und mehr. Diese Kompetenzen sind bei Wahrung eines professionellen Anspruches fast nie in Personalunion vorhanden. Internetprojekte erfordern deshalb Zusammenarbeit! Umso wichtiger ist, dass jeder Beteiligte sowohl seine Fähigkeiten als auch seine Grenzen des eigenen Könnens kennt und entsprechend handelt. Ihre Anforderung und Ihr Wissen können Sie gleich gleich mit der Checkliste auf Seite 40 testen. Stellen Sie sich bei jeder Frage zusätzlich die Frage „Verstehe ich, um was es geht und wenn nein, wer kann mir weiterhelfen". So schaffen Sie sich ein starkes Team.

Der Content macht den Unterschied

Informieren und Beziehungen knüpfen

Zunächst eine Begriffserklärung: Inhalt ist in diesem Zusammenhang kein Synonym für die Bezeichnung „Content". Content schließt alle Elemente einer Seite mit ein: z. B. Bilder, Texte, Dateien, Navigationspunkte, Meta-Informationen. Content ist also weitaus mehr als Textinhalt.

> *Bieten Sie Ihren Lesern guten Content.*
> *Das heißt Content, der anspricht und zugleich von*
> *Suchmaschinen gefunden wird.*

Sobald Kunden Ihre Website immer wieder besuchen, weil sie dort neuen, interessanten Content vorfinden, steigert das den Wert Ihres Internetauftritts. Vor allem dann, wenn die Besucher über Ihre Webseite einfach und direkt mit Ihnen kommunizieren können. Diese Möglichkeit der Kommunikation zwischen Leser und Websitebetreiber wird mit dem Begriff

Web 2.0 bezeichnet. Das bindet Besucher. Wiederkehrende Besucher sind eine ausgezeichnete Basis für einen langfristigen Erfolg. Mit den entsprechenden Analysetools, mehr dazu später, erkennen Sie das Besucherverhalten recht genau.

Einige Beispiele für die Möglichkeiten, über das Internet die Beziehungen zu den Besuchern zu stärken:

- Mit Hilfe einer integrierten Newsletter-Funktion sammeln Sie Adressen von Interessenten.

- Mit einem Service-Chat können Sie dem Leser schnell und einfach auf seine Fragen Antwort geben.

- Mit nützlichen Dokumenten, Tests und Informationen erleichtern Sie dem Besucher bestimmte Aufgaben.

- Sie integrieren Communities wie Facebook in Ihren Auftritt, um so Ihre Internetseiten bekannt zu machen.

Beachten Sie bei allen Möglichkeiten den Datenschutz. Dann steht nichts im Wege, Ihren Internetauftritt als starkes Marketing-, Werbe- und Informationsinstrument zu nutzen.

Mit 20% Aufwand zu 80% Erfolg

Tappen Sie nicht in die Perfektionsfalle!

Um Ihren Internetauftritt zu optimieren, können Sie an vielen Stellschrauben drehen. Perfektion kann ein Anspruch sein, ist aber schwer zu erreichen und auch nicht nötig. Machen Sie Ihren Internetauftritt deshalb schrittweise besser. Machen Sie es gut, aber übernehmen Sie sich dabei nicht. Ein 80%-tiges Ergebnis ist mehr als genug. Das Paretoprinzip (ein Grund zu googlen für Sie?) lässt grüßen. Auch nützt es Ihnen wenig, in

Detailbereichen perfekt zu sein. Werden Sie in der Gesamtheit besser, denn:

Jede Kette ist nur so stark wie ihr schwächstes Glied.

Sehen Sie das Ganze und handeln Schritt für Schritt. Richten Sie den Fokus zunächst auf die Optimierung bestimmter Bereiche und stellen Sie andere vorerst bewusst zurück. Diese sogenannte „engpassorientierte Strategie orientiert sich an den folgenden Fragen:

- Welches sind die schwächsten Elemente des Internetauftritts?
- Welches sind die stärksten Elemente des Internetauftritts?
- Welche Konsequenzen ergeben sich aus dieser Analyse?
- Welche nächsten Schritte bringen das Projekt maßgeblich voran?

Denken Sie bei allen Maßnahmen an die Kosten-/Nutzenrelation.

Strategisches Vorgehen bei Internetprojekten hat sich bewährt

Wenn Sie diesen Leitfaden gelesen und durchgearbeitet haben, können Sie beurteilen, welche Faktoren auf das Gesamtergebnis großen Einfluss haben und welche nicht. Internetprojekte profitieren grundsätzlich von einem langen Atem sowie der Koordination aller Mitstreiter und Aktivitäten. Seien Sie nicht ungeduldig. Das Internet ist weniger ein Medium für sofortige Erfolge. Eine gute Internetpräsenz wirkt mittel- und langfristig.

Internet – ein Medium im Wandel

Immer mehr Websites kämpfen um die vorderen Plätze der Suchmaschinen.

Die Rahmenbedingungen für eine erfolgreiche Website haben sich in den letzten 15 bis 20 Jahren wesentlich verändert. Früher genügte es, einen Auftritt mit 20 Unterseiten zu haben, die sich dann im Verlauf der Zeit wenig oder gar nicht veränderten. 2014 gibt es laut Statistik über eine halbe

Milliarde Seiten! Entsprechend hart ist der Konkurrenzkampf um die Positionen 1 bis 10. Bei bestimmten Themen, Fachbereichen und Branchen ist der Konkurrenzkampf besonders hart! Die Suchmaschine listet z. B. beim Stichwort Marketing alleine eine halbe Milliarde Treffer auf.

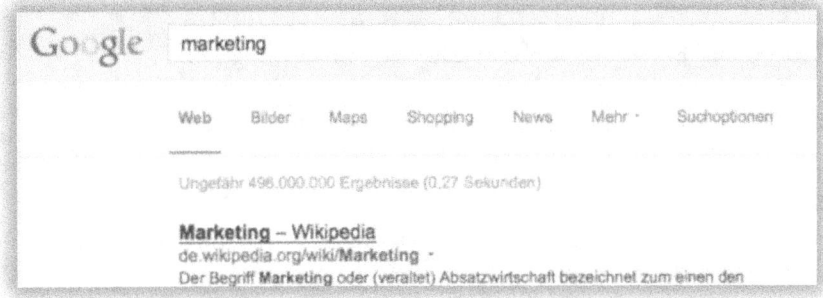

Selbst vor 10 Jahren war es noch recht einfach, ein gutes Suchmaschinenranking zu erzielen. Das hat sich verändert. Um heute Wirkung zu erzielen bieten Suchmaschinenoptimierer dazu ausgefeilte, selbst entwickelte und kostenpflichtige Analysetools an.

Tricksereien können gefährlich werden

Passen Sie aber auf: Einige SEO-Dienstleister versuchen gezielt, das Ranking zu manipulieren – und Sie riskieren dabei viel. So erging es sogar BMW vor einigen Jahren. Denn die Suchmaschinen rüsten nach und nach und verbessern den Algorithmus und erkennen Tricksereien immer besser. Der Vergleich mit Doping und Dopingtests liegt nahe. Die einen möchten schlauer sein und die anderen lernen dazu. Manipulationen können im schlimmsten Fall zu einer „verbrannten" Domain führen, die aus dem Index der Suchmaschinen verbannt wird. Dann fangen Sie von vorne an. Mit den steigenden Anforderungen an Webauftritte hat sich bei der technischen Umsetzung entsprechend viel geändert. Während früher Seiten noch überwiegend individuell programmiert wurden und für alle Textänderungen HTML-Kenntnisse notwendig waren, sind heute Systeme und Werkzeuge vorhanden, die es weitaus einfacher machen, Content ins Netz zu stellen. So können Sie heute ohne großes technisches Verständnis Redakteur Ihrer

Seite sein. Über diese Content-Management-Systeme (CMS) später mehr. Um heute im Internet Erfolg zu haben, zahlt sich konsequente, strategische Arbeit ohne Tricks langfristig am besten aus. Dazu braucht es aktuelles Wissen sowie ein modernes, leistungsfähiges System und Hosting. Nutzen Sie dabei das Wissen und die Unter-tützung von professionellen Partnern.

Gerade für das Medium Internet gilt:

Was heute aktuell ist, ist morgen überholt.

Wie schon im Vorwort gesagt: Aus diesem Grund werden wir diesen Leitfaden ständig überarbeiten und so dafür sorgen, dass die Informationen und Impulse aktuell bleiben.

Die Herausforderungen der nächsten Jahre

Über die Jahre brachten uneinheitliche Webbrowser eine Vielzahl von Herausforderungen für Websitebetreiber mit sich. Heute stellen zunehmend verschiedene mobile Endgeräte Anforderungen an die Entwickler und Betreiber von Webauftritten. Die speziellen Nutzungsgewohnheiten werden in den nächsten Jahren eine immer größere Rolle spielen. Das Responsive Webdesign versucht auf diese Herausforderungen einzugehen. Dabei liefert eine gestaltete Website jedem Endgerät eine mediengerecht aufbereitete Website aus; einem Smartphone eine andere als einem Tablet, einem PC eine andere als einem Notebook, einem Querformat-Endgerät eine andere als einem Hochformat-Endgerät. Bereits heute werden neue Displaygrößen, Auflösungen und Formen diskutiert.

Doch auch die Ladezeit einer Website steht im Fokus. Ein Smartphone zum Beispiel hat nicht nur eine kleinere Displaygröße, sondern möglicherweise auch eine langsamere Internetverbindung. Jedes Foto muss dann in einer anderen Größe ausgeliefert und dargestellt werden. Sie erahnen, wie komplex das Thema werden kann. Spätestens nun sind dem „Hobby-Webmaster" Grenzen gesetzt, steigen selbst für den Profi die Anforderungen beträchtlich. Neue Webstandards werden sich herausbilden. Es wird sich zeigen, welche davon sich bei den Anwendern durchsetzen werden. Dabei zählen neben technischen vor allem wirtschaftliche Aspekte. Auch die Suchmaschinenoptimierung wird sich im Laufe der Zeit wandeln. Eines steht jedoch fest: Die Grundlagen der Websites aber werden bleiben. Es geht um Informationen für Mensch und Maschine, um Vernetzung. Es bleibt mit Sicherheit spannend!

Verändertes Nutzungsverhalten

Das Internet hat unser Leben vielleicht noch in einem größeren Maßstab verändert als das Automobil und andere technische Entwicklungen. Das Internet ist heute für viele im Alltag und im Beruf immer präsent; für viele, selbst wenn es um intim Privates geht. Das Smartphone ist für viele unverzichtbar. Gerade weil wir mit dem Internet und den neuen Medien so viel Wirkung erzielen, lohnt es sich einen Blick auf das veränderte Kommunikationsverhalten zu werfen – und dabei sowohl die Chancen als auch die Risiken zu sehen. Da unsere Kommunikationszeit im Tagesablauf begrenzt ist und die mediengestützte Kommunikation einen immer breiteren Raum einnimmt, ändertsich unser Kommunikationsverhalten insgesamt. Wir achten auf bestimmte Kommunikationssignale stärker, auf andere schwächer. Mit dieser Entwicklung müssen wir Schritt halten und daraus die richtigen Schlüsse für die Gestaltung unserer Internetauftritte ziehen.

Zwei grundlegende Funktionen: Datenautobahn und Cyberspace

Als Datenautobahn steht das Internet für die globale Verbreitung von Daten und Informationen. Dabei kann enzyklopädisches Wissen genauso angeboten werden wie Informationen von Privatpersonen, Unternehmen und Organisationen.

Der Cyberspace dagegen erlaubt den Dialog und Kontakt zwischen Menschen und Gruppen. Es ist ein virtueller Treffpunkt. Hier entstehen neue soziale Netzwerke und werden gepflegt. Menschen sind über weite Entfernungen miteinander verbunden.

Die verschiedenen Internetnutzer

Die Netznutzer sind keine homogene Gruppe, dementsprechend unterscheidet sich das Nutzerverhalten. Das Internet bietet weitaus mehr Möglichkeiten der Nutzung, als dies bei klassischen Medien der Fall ist. Ein „Wenigleser" unterscheidet sich von einem „Vielleser" weitaus weniger als ein „Heavy User" von einem „Light User". Für einen „Heavy User" ist das Internet unverzichtbarer Teil seines Lebens. Seine Kommunikation und sein Tagesablauf werden durch das Internet und seine Möglichkeiten bestimmt. Für einen „Light User" ist das Internet ein nützliches Werkzeug zur Informationsbeschaffung und Kommunikation, aber nicht lebensbestimmend. Der Anteil der „Heavy User" wird zunehmen. Unterscheiden sollte man auch zwischen einem „Newbie" und einem „Oldbie". Der „Newbie" bezeichnet den Internetneuling. Dieser ist oft geblendet von den Möglichkeiten des Internets und weiß noch nicht richtig, mit dem Medium umzugehen. Er muss die Umgangsformen im Netz („Netiquette") erst kennenlernen und muss lernen, wie er mit den einzelnen Internetdiensten umgeht bzw. wie er Informationen effektiv beschafft. Dabei orientiert er sich meistens an den „Oldbies", Nutzern, die das Internet schon länger nutzen und sich in ihm auskennen. Auch die Generation der sogenannten „Silver Server", den Senioren im Internet, ist nicht zu vernachlässigen. Oft erwartet diese Gruppe einen bestimmten Kommunikationsstil auch im neuen Medium Internet.

Nun werfen wir zuletzt noch einen Blick auf den „Lurker" und „Poster". Als Lurker werden die eher passiven Nutzer des Internets bezeichnet. Sie informieren sich im Netz, werden aber nicht selbst aktiv. Die Poster hingegen veröffentlichen, posten eigene Beiträge und nutzen so die Möglichkeiten des Web 2.0.

Fazit:

Sie sehen, die Besucher Ihrer Seite nutzen das Medium unterschiedlich und haben dementsprechend andere Bedürfnisse. Die Kommunikation im Medium Internet ist deshalb vielfältig und unterschiedlich – lehnt sich aber an gebräuchliche Kommunikationsformen an: von gesprächsnaher Kommunikation (z. B. Chat und Skype) bis hin zur briefähnlichen Kommunikation (E-Mail, Newsgroups, Blog-Kommentare).

Doch die Sinnlichkeit eines direkten persönlichen Gesprächs lässt sich virtuell im Internet schlecht erleben.

Die Distanz bei mediengestützer Kommunikation ist immer größer als beim persönlichen Gespräch. Daran werden auch neue Entwicklungen im Bereich des Internets in nächster Zeit wenig ändern.

Wichtige Impulse auf einen Blick

Eine Website muss in den Suchmaschinen gefunden werden. Ca. 90% bis 95% der Besucher einer Website kommen im Durchschnitt über die Suchmaschine Google. Dies setzt eine **suchmaschinenoptimierte Website** voraus.

Wird Ihre Website nicht in den Suchmaschinen gefunden, bleibt Ihnen nur die Chance, Ihre **Besucher durch bezahlte Werbung** auf Ihr Angebot aufmerksam zu machen.

Eine erfolgreiche **Website funktioniert, informiert** und ist **benutzerfreundlich**. Internetseiten sind keine Spielwiese für Gestalter, Texter oder Programmierer.

Website-Arbeit ist Teamarbeit. Eine gute Website vereint viele verschiedene Fachkompetenzen. Kompetenz und professionelle Hilfe rechnet sich.

Eine Website ist nie perfekt und fertig – und das ist auch nicht nötig. Ein effektiver Einsatz der Ressourcen erreicht mit 20% Aufwand meist 80% der gewünschten Erfolge.

Nach einer gründlichen Analyse (nutzen Sie dazu später die Checklisten) wissen Sie, **welche nächsten Schritte** das Projekt maßgeblich voranbringen. Wägen Sie Aufwand und Wirkung dabei ab.

Strategisches Vorgehen hat sich bewährt. Binden Sie Partner mit erforderlichem Wissen ein. Definieren Sie die Ziele, die Sie mit der Website erreichen wollen. Gehen Sie Schritt für Schritt vor. Holen Sie immer wieder ein Feedback ein.

Guter Website-Content und **seriöse Arbeit** zahlen sich am besten aus. Manipulationen, egal welcher Art, haben nur kurze Erfolgsaussichten.

Der **Grundstein für den Erfolg** einer Website wird bereits bei der Konzeption des Internetprojektes gelegt. Entscheidend sind die Wahl eines geeigneten **CMS**, ein **leistungsfähiges Webhosting** sowie eine optimale und flexible **Website-Struktur**.

Das Internet ist ein sehr **dynamisches Medium**. Bleiben Sie am Ball. Informieren Sie sich über aktuelle Entwicklungen. Stellen Sie sich auf verändertes Nutzerverhalten ein.

Erfolg ist kein Zufall

Die 7 Erfolgsfaktoren eines Webauftritts

Die folgenden sieben Faktoren haben sich über die Jahre zu wesentlichen Voraussetzungen für eine erfolgreiche Internetseite herausgebildet. Wenn Sie diese Erfolgsfaktoren beachten und das Optimierungspotenzial ausschöpfen, erfüllen Sie professionelle Ansprüche. Noch eine Worterklärung im Bezug auf diese Erfolgsfaktoren. „Onpage" heißt, dass Sie innerhalb Ihrer Website mit den Veränderungen ansetzen, „offpage" bedeutet, dass Sie außerhalb Ihrer Website optimieren.

Erfolgsfaktor 1: Webdesign
(onpage Maßnahmen)
- Webdesign ist mehr als Screendesign. Es geht nicht nur um visuelle Ästhetik sondern um die Verbindung von Technik, Struktur, Inhalt und Design. Das Webdesign umfasst Konzeption Planung, Test und Realisierung des Auftritts. Webdesign erfordert damit sowohl gestalterische als auch technische Kompetenz und meist entsprechend professionelle Partner.

Erfolgsfaktor 2: Aktueller und gehaltvoller Content
(onpage Maßnahmen)
- Interessanter, stets aktueller Content zählt. Gehaltvoll heißt in diesem Zusammenhang, dass Sie dem Besucher Ihrer Seite einen Mehrwert, einen wirklichen Nutzen bieten. Das heißt konkret: Sie erfüllen seine Bedürfnisse! Denken Sie dabei immer an die Schlüsselbegriffe, die Keywords, die für den Leser und auch für die Suchmaschinen von elementarer Bedeutung sind.

Erfolgsfaktor 3: Das passende Content-Management-System (CMS) (onpage Maßnahmen)
- Der wirtschaftliche Betrieb einer Website erfordert moderne Werkzeuge. Sorgen Sie mit einem funktionalen CMS für ein benutzerfreundliches, effizientes Management Ihrer Website. So haben Sie die Möglichkeit, mit mehreren Personen gleichzeitig an einem Projekt zu arbeiten. Ein entsprechendes Benutzer-Rechtesystem unterstützt Sie dabei. Optimal geplante Administrator-Rechte sichern im Fall eines persönlichen Fehlers doppelt ab. Eine Backup-Routine sorgt für die kontinuierliche Datensicherung im Hintergrund. Mit modernen CMS haben Sie eine gute Basis für ein individuelles und ansprechendes Layout.

Erfolgsfaktor 4: Leistungsfähige Partner und Mitarbeiter
- Wie schon mehrfach betont: Gute Internetauftritte brauchen Kompetenz und verlässliche Partner, die Sie unterstützen. Nicht alles, was billig erscheint, ist wirklich preiswert und nicht alles, was teuer ist, ist wirklich sein Geld wert. Wichtig ist Verlässlichkeit und direkter Dialog. Es macht einen großen Unterschied, ob sich Partner für Sie verantwortlich fühlen oder ob Sie Ihre Zeit in der Warteschleife eines Call-Centers verbringen.

Erfolgsfaktor 5: Optimierung für Suchmaschine UND Mensch (onpage Maßnahmen)
- Suchmaschinen sprechen wie Menschen eine eigene Sprache. Sorgen Sie dafür, dass Ihre Website die Besonderheiten beider Sprachen berücksichtigt. Eine benutzerfreundliche Website und eine optisch ansprechende Gestaltung machen Besuchern das Lesen, Navigieren und Finden von Informationen leicht. Hier kommt das Webdesign zum Tragen! Eine suchmaschinenoptimierte Website erleichtert den Suchmaschinen das Auffinden und schnelle Bearbeiten Ihrer Website. Das führt automatisch zu besseren Suchmaschinen-Ergebnissen.

Erfolksfaktor 6: Verlinkung und externe Suchmaschinenoptimierung (offpage Maßnahmen)

- Das Internet lebt von Links. Eine Website ohne Links ist wie eine einsame Insel. Sorgen Sie dafür, dass Ihre Website auf führenden Portalen, Verzeichnissen und Webseiten eingetragen, gelistet und verlinkt ist. Sorgen Sie dafür, dass Ihr Content es wert ist, verlinkt zu werden. So wächst die Verlinkung natürlich an. Das erhöht die Sichtbarkeit und Vertrauenswürdigkeit Ihrer Website enorm. Eine gute externe Verlinkung verbessert Ihre Position in den Ergebnislisten der Suchmaschinen und bringt neue Besucher auf Ihre Website.

Erfolgsfaktor 7: Systematische Erfolgskontrolle, Optimierung und Weiterentwicklung
(on- und offpage Tools)

- Ein Website-Betrieb ohne Erfolgskontrolle bleibt dem Zufall überlassen. Sorgen Sie für die Integration mindestens eines leistungsfähigen Statistik-Tools. Benutzen Sie im Internet verfügbare Analysetools regelmäßig zur Diagnose und Beurteilung der Webseitenerfolge. Sie erhalten u. a. wertvolle Informationen über die Anzahl der Besucher, das Nutzungsverhalten und über welche Suchbegriffe der Nutzer auf Ihre Seite gestoßen ist.

Alle diese Erfolgsfaktoren sind gleich wichtig.

Diese 7 Erfolgsfaktoren sind nicht nach ihrer Priorität nummeriert. Vielmehr bedingen sich diese Faktoren wechselseitig, ohne dass ein Faktor vernachlässigbar ist. Aktueller Content allein bringt ohne eine ansprechende und optimierte Website wenig Wirkung. Genauso entfaltet eine optimierte Website mit nur 20 Seiten ohne aktuellen Texte wenig Effekte. Führen nur wenige Wege (Links) im Internet zu Ihrer Website, bleibt diese eine weitgehend unbesuchte Insel. Eine Website, die nicht auf andere verlinkt, ist vergleichbar mit einer Sackgasse – der Internetverkehr stockt. Eine Website ohne ein funktionales CMS ist weder wirtschaftlich einzurichten noch zu pflegen, optimieren und entwickeln. Ohne eine Erfolgskontrolle und laufende Anpassung der Internetstrategie bleibt Erfolg im Internet purer Zufall.

Suchmaschinenoptimierung und SEO-Partner

Bevor wir nun konkret auf die einzelnen Erfolgsfaktoren eingehen, zunächst noch einige Detailinformationen zum besseren Verständnis.

Eine Palette von Möglichkeiten

Wer seine Website optimieren will, stolpert früher oder später in diesem Zusammenhang über den Begriff Suchmaschinenoptimierung (SEO). Um was geht es? Die Suchmaschinen bewerten über 200 einzele Parameter Ihrer Seite, um die Wertigkeit des Contents möglichst genau abzuschätzen. Einige dieser Parameter finden Sie in einer Liste im Anhang. Der Suchalgorithmus ist also äußerst komplex und gehört zu den am besten gehüteten Geheimnissen. Zudem werden diese Algorithmen stetig angepasst und optimiert. Um die einzelnen Parameter, die das Suchergebnis beeinflussen, zu optimieren, bietet Ihnen eine Vielzahl von SEO-Anbietern Unterstützung an. Die Bandbreite reicht von (scheinbar) kostenlosen Angeboten bis hin zu Angeboten hochprofessioneller Dienstleister, die Sie sich wahrscheinlich nicht leisten können oder wollen. Suchmaschinenoptimierung ist ein wichtiges Thema für den Erfolg einer Website, keine Frage. Jede Optimierung einer Website trägt dazu bei, dass die Seite besser gefunden wird. Aber nicht immer sind anstehende Optimierungsmaßnahmen für das konkrete Projekt sinn- und wirkungsvoll. Mag sich für einen Internetshop eine komplexe Suchmaschinenoptimierung auszahlen, kann dies bei einem Arzt oder Selbstständigen schon wieder anders aussehen.

Wo wird bei der Onpage-Suchmaschinenoptimierung angesetzt?

- **Optimierung von Inhalten**
  Titel, Texte, Gliederung, Überschriften, Auszeichnungen etc.
- **Optimierung von Dokumenten**
  Grafiken, Fotos, Audio, Video, Downloads (PDF u. Ä.)
- **Optimierung von Webdesign / Technik**
  Meta-Daten, HTML-Code-Struktur, inhaltliche Platzierung, Auszeichnungen, Ladezeiten, Größe etc.

- **Optimierung von Webhosting/Server**
  Antwortzeiten des Servers, Komprimierung der Daten, Weiterleitungen, Script-Optimierung, Code-Optimierung

Eine Optimierung geht meist mit Eingriffen in das Webdesign bzw. des Quellcodes der Internetseite einher. Die Mitwirkung von Webdesigner, Webhoster, Website-Administrator und Webredakteur kann notwendig werden.

 **Tipp:**

Mitunter ist es nach Abschätzung der Kosten sogar sinnvoll, statt vieler kleiner und großer Optimierungen eine komplett neue Website zu konzipieren und aufzubauen.

Lassen Sie sich hier kompetent beraten. Auch Ihr gesunder Menschenverstand hilft weiter. Notwendig dafür sind Ihre klaren Ziele und das Wissen um Ihre Ressourcen, die Sie dafür einsetzen wollen.

Wenn Sie sich nun entschließen mit einem Partner die Suchmaschinenoptimierung anzugehen, dann prüfen Sie Folgendes:

- Werden die Auftragsvereinbarungen und der Kostenrahmen transparent kommuniziert?

- Haben Sie einen kompetenten, verfügbaren Ansprechpartner?

- Stimmt die Chemie und das Vertrauen?

- Werden die Zwischenergebnisse dokumentiert?

Besucherstatistik auswerten

Sie brauchen ein leistungsfähiges Analysewerkzeug

Wenn Sie mit einem Internetprojekt starten oder optimieren wollen, müssen Sie strategisch vorgehen. Notwendig dafür ist die Analyse des Besucherverhaltens Ihrer Seite im Vorfeld.

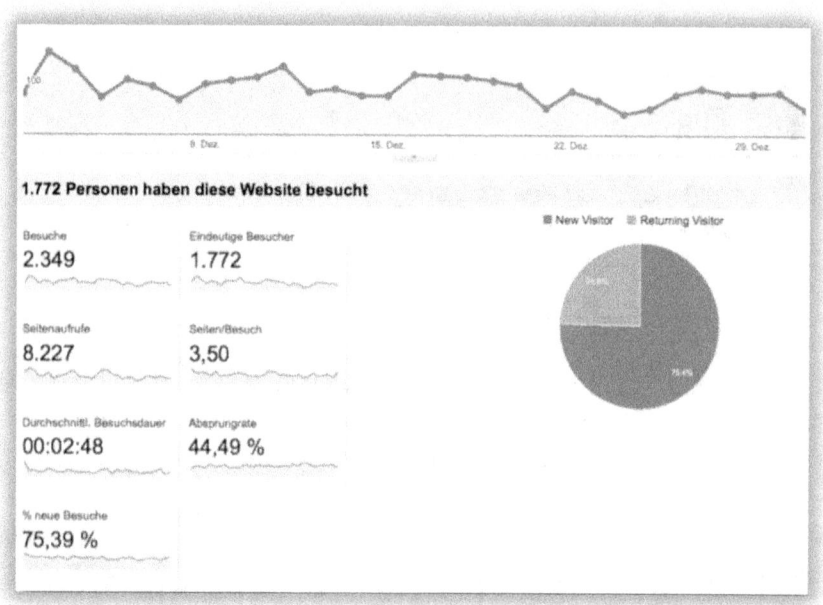

Wenn Sie noch kein Analysetool verwenden, sorgen Sie dafür, dass Sie es noch auf der vorhandenen Seite installieren und mindestens für 4 Wochen Referenzdaten generieren. Ohne Analysedaten irren Sie im Nebel umher und das strategisches Vorgehen wird erschwert. Man kann berechtigterweise Google kritisch sehen, aber wer ein leistungsstarkes kostenloses Tool einsetzen möchte ist mit Google Analytics gut bedient. Wenn Sie keine HTML-Kenntnisse haben, sind Sie auf Unterstützung angewiesen. Das ist aber keine große Sache, die Kosten für die Installation eines Analysetools sind überschaubar.

www.google.de/intl/de/analytics/

Sicherheitshalber sollten Sie im Disclaimer auf die Verwendung eines Analysetools hinweisen. Der Begriff Disclaimer wird im Internetrecht als Fachausdruck für einen Haftungsausschluss verwendet. Abmahner sind immer unterwegs, sparen Sie sich unnötigen Ärger.

Eine Webstatistik gibt u. a. Antworten auf folgende Fragen:

- Wie viele Besucher hat Ihre Website am Tag, im Monat durchschnittlich? (PageView, reale Besucher, Dateiaufrufe etc., mit oder ohne Suchmaschinen-Robots?)

- Welche Seiten werden am meisten aufgerufen?

- Von welchen Quellen kommen Ihre Besucher?

- Was haben die Besucher in der Suchmaschine gesucht?

- Wie hoch ist die durchschnittliche Verweildauer des Besuchers auf der Website?

- Welche Webseiten haben die höchste Abbruchrate?

- Welche typischen Benutzerströme sind auf der Website zu verzeichnen?

- Welche Suchmaschinen-Robots besuchen Ihre Website regelmäßig?

Ladezeiten entscheiden

Analysieren und optimieren Sie die Ladezeiten

Mit der Zunahme der Bandbreite von Internetangeboten und der verstärkten Nutzung von mobilen Endgeräten gewinnen die Ladezeit von Webseiten und die Antwortzeit Ihres Webservers wieder eine größere Bedeutung. Die Qualität Ihres Internetangebotes für den Besucher steht damit in direktem Zusammenhang den Ladezeiten. Erstellen Sie kostenfrei eine Geschwindigkeitsanalyse Ihrer Website mit Google PageSpeed Insights:

http://developers.google.com/speed/pagespeed/insights/

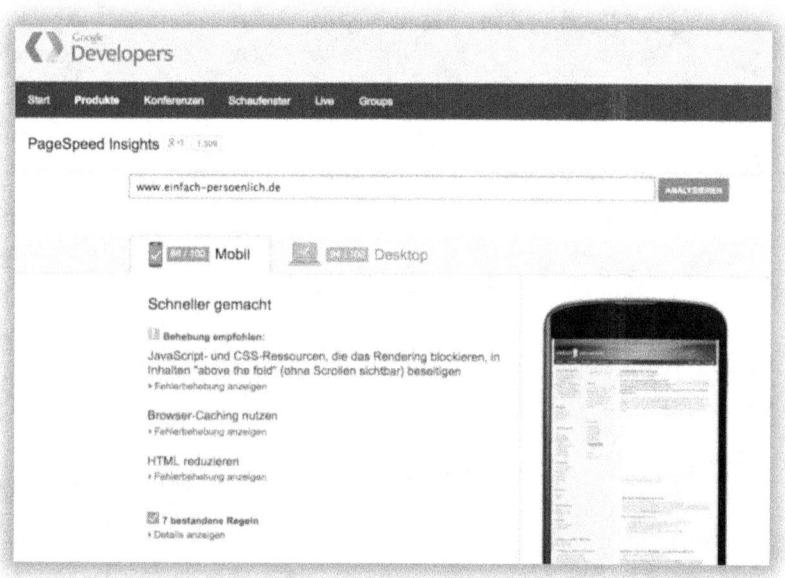

Diese Analysedaten bieten Ihnen gute Anhaltspunkte für eine Optimierung Ihrer Ladezeiten. Ein sauber konfiguriertes CMS und optimierte Designs und Bilddaten sind dabei entscheidende Faktoren.

Auf den Quellcode kommt es an

Eine spezifische Analyse des HTML-Quelltextes ist sinnvoll

Einen ersten guten Überblick gibt die kostenfreie Website-Analyse von Seitwert:

www.seitwert.de

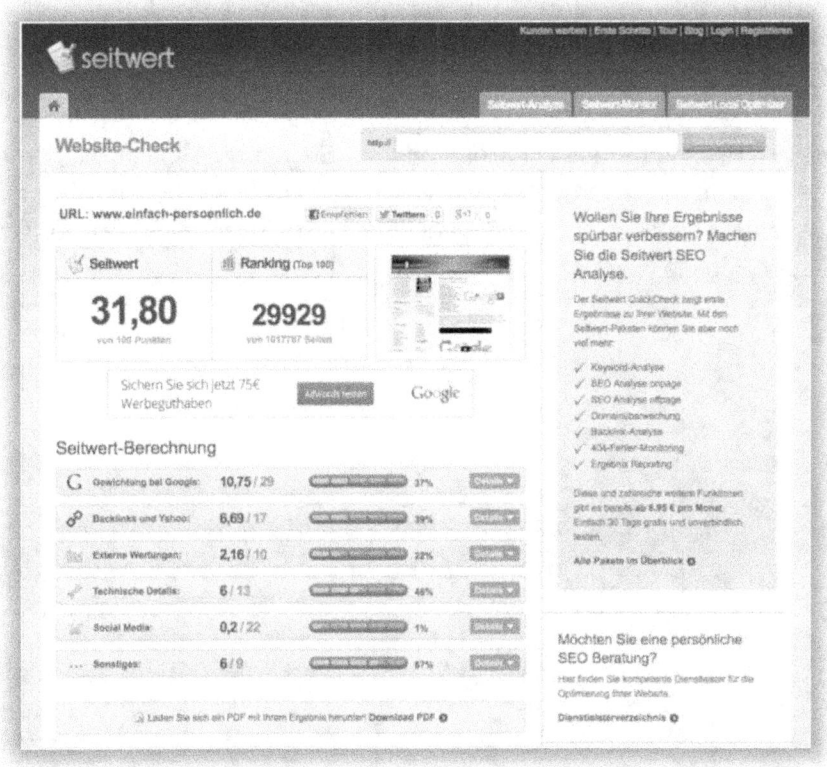

Bevor Sie sich aber für eine kostenpflichtige Leistung entscheiden, lassen Sie sich von einem Fachmann beraten. Prinzipiell sollten Sie bei einer umfassenden Analyse nicht auf einen Fachmann (Webdesigner/SEO/HTML-Programmierer) verzichten, wenn es darum geht Programmfehler, Meta-Informationen, Linkstruktur und Sicherheitslücken zu erkennen.

Lernen Sie von Mitbewerbern

Ziehen Sie Vergleiche zu Ihren Mitbewerbern

Interessante und wichtige Informationen erhalten Sie, wenn Sie den Wettbewerb im Netz analysieren. Analysieren Sie Texte, Link-, Navigations- und Überschriftenstruktur Ihrer Wettbewerber. Viele kostenlose SEO-Tools (Googlen Sie danach) machen es möglich, fremde Seiten ähnlich Ihrer eigenen zu analysieren. Die Nutzung dieser Analysetools ist meist selbsterklärend. So haben Sie mit wenig Aufwand die Möglichkeit, interessante Vergleiche zu ziehen.

Mit der Recherche des Umfelds kommen Sie auf gute Ideen und lernen zugleich Ihre Mitbewerber kennen. Sie müssen nicht alle Fehler selbst machen. Auch der Blick auf fremde, aber inhaltlich verwandte Seiten, sollte für Sie zur Routine werden.

Wichtige Impulse auf einen Blick

Die **Suchmaschinenoptimierung** ist ein Thema, an dem für eine erfolgreiche Website kein Weg vorbei geht. Wichtig ist es dabei, das rechte Maß zu finden.

Bei der Optimierung einer Website empfiehlt sich ein strategisches Vorgehen. Nutzen Sie frei verfügbare Tools für **eine gute Ist-Analyse** der Ausgangssituation.
> Analysieren Sie Ihre Website-Benutzung.
> Analysieren Sie die Website-Ladezeiten.
> Analysieren Sie den Aufbau Ihres Website-Quellcodes.
> Analysieren Sie Ihre Mitbewerber.

Wichtige Fragen bei der Umsetzung sind:

> Welche Arbeiten sind zu erledigen?
> Welche Bereiche sind davon betroffen?
> Welche (professionellen) Partner sind einzubinden?
> Ist mein CMS auf eine solche Optimierung vorbereitet?
> Welche Herausforderungen/Probleme gilt es dabei zu lösen?

Wenn Ihnen das zu sehr ins Detail geht und Sie dafür nicht Ihre Zeit investieren möchten, lassen Sie sich dabei von einem kompetenten Partner unterstützen.

Optimierung der Website konkret

Strategisch ans Ziel in 3 Phasen

Was sind die nächsten Schritte

Raucht Ihnen schon ein wenig der Kopf? Sie haben nun schon einiges zu einem komplexen Thema erfahren. Sie haben nun schon das nötige Grundlagenwissen und verstehen die wichtigsten Zusammenhänge. Wie geht's nun konkret weiter für Sie? Wie kommen Sie nun zu einem besseren Webauftritt? Praktisch, Schritt für Schritt, Phase für Phase? Jetzt geht es darum, dass Sie die wesentlichen Dinge umsetzen, um Ihren Internetauftritt zu einem effektiven Marketinginstrument zu machen. Die folgenden 3 Phasen helfen Ihnen, strategisch und strukturiert vorzugehen. Wenn Sie beginnen, werden Sie merken, dass Sie vorankommen. Selbst wenn es eine Weile dauern wird, bis sich erste messbare Erfolge einstellen: ein besseres Suchmaschinenranking, mehr Besucher, mehr Anfragen …

Folgende Phasen des Vorgehens haben sich bewährt.

- **Phase 1**: SIE entscheiden, wie viel Zeit und Geld, welche Ressourcen Sie in Ihr Internetprojekt investieren können und möchten. Es ist fast wie beim Autokauf. Ein Kleinwagen kann durchaus genügen, manchmal braucht es aber einen Transporter oder manchmal sogar einen LKW. Als Entscheidungshilfe dient Ihnen die erste Checkliste.

- **Phase 2**: SIE analysieren, wo Sie stehen und was Ihre Ziele und Zwischenziele sind. Sie entscheiden, wer mit ins Boot soll und welche Aufgabe bis wann erledigt sein muss. Nun haben Sie eine verlässliche Basis, Schritt für Schritt Ihren Webauftritt umzusetzen bzw. zu optimieren. Eine gute Hilfe für diesen Schritt sind dazu die folgenden Checklisten.

- **Phase 3**: Nun orientieren Sie sich an den 7 Erfolgsfaktoren eines erfolgreichen Webauftritts. Mit dem Wissen aus den Phasen 1 und 2 verzetteln Sie sich dabei nicht. Sie kommen stetig voran, in dem sicheren Wissen, dass Erfolg im Internet ein kontinuierlicher Prozess ist. Ganz besonders für Internetprojekte gilt:

Nach dem Erfolg ist vor dem Erfolg.

Zeit für Checklisten, Zeit für Analysen

Checkliste Zeitbudget und Möglichkeiten

Elemente/ Aufgaben	Minimal-nutzer	Ambitionierter Nutzer	Profi-nutzer
Zeitaufwand Website	1-2 Stunden pro Monat	1-2 Tage pro Monat	3 oder mehr Tage pro Monat
neue Seiten erstellen	✔	✔	✔
Texte schreiben für Mensch und Maschine	✔	✔	✔
Artikeltitel mit Keyword(s)	✔	✔	✔
Texte mit Keyword(s)	✔	✔	✔
Texte gliedern mit Überschriften Keyword(s)	✔	✔	✔
Bilder/Grafiken mit sprechenden Namen	✔		✔
Analysestatistiken der Website-Benutzung	✔	✔	✔
Liste Keyword(s) der Suchergebnisse	✔	✔	✔
einfache Analyse Mitbewerber	✔	✔	✔
feste Website-Ziele	✔	✔	✔
Veröffentlichungen pro Monat	1-2	6-8	>10
Aktuell-Bereich mit regelmäßig neuem und aktuellem Content		✔	✔
Überschriftentexte in h2-h6 auszeichnen		✔	✔
Artikel-Titel in h1		✔	✔
Meta-Title einzigartig		✔	✔
Meta-Description einzigartig		✔	✔
Texte mit div. Auszeichnungen		✔	✔
Analyse Ladezeiten Website & Server		✔	✔
Analyse Website-Quellcode		✔	✔
Vermeidung von Duplicate Content im Text		✔	✔
Bildoptimierung Lightbox mit Beschreibung		✔	✔
einfache und prägnante Texte schreiben		✔	✔
Optimierung URL-Struktur		✔	✔
Texte V-Struktur umsetzen		✔	✔
Eintragung in Webverz. und Webportale		✔	✔

Elemente/ Aufgaben	Minimalnutzer	Ambitionierter Nutzer	Profinutzer
vielseitiger Content-Mix	1-2 Stunden pro Monat	1-2 Tage pro Monat	3 oder mehr Tage pro Monat
Linktexte optimieren			✔
interne Verlinkung optimieren			✔
externe Verlinkung optimieren			✔
komplexe Analyse Mitbewerber			✔
benutzerfreundliche Navigation optimieren 5+2 Elemente			✔
Keyword(s) im Domainnamen			✔
Vermeidung von Duplicate Content auf kompletter Website			✔
Steuerung Besucherfluss durch gezielte Web-Gestaltung			✔
Optimierung von PDFs u. a. Dateien			✔
strateg. Linktausch/ Linkaufbau			✔
Check PageRank und Backlink-Struktur			✔
Website oder Baukasten-Website	✔		
Website mit CMS-System		✔	
Website mit CMS-System mit anbieterunabhängigem Webhosting			✔
Website oder Baukasten-Website ohne Partner	✔		
Website mit CMS-System und Partnern		✔	
Website mit CMS-System und mehreren Partnern			✔
Hotline per E-Mail	✔		
Hotline per E-Mail und Telefon		✔	
persönliche Hotline oder Ansprechpartner			✔

Checkliste Benutzerfreundlichkeit

❏ Die Website wird regelmäßig aktualisiert.

❏ Die Website hat ein modernes, freundliches und ansprechendes Erscheinungsbild, ist klar und benutzerfreundlich gegliedert. Besucher finden sich schnell und intuitiv zurecht.

❏ Texte und Abbildungen der Webseite laden ein zum Weiterlesen, sind informativ und bieten Mehrwert, erzeugen Neugier und inspirieren zu häufigem Besuch der Seiten.

❏ Die Website ist interaktiv in ausgewählten Bereichen (Web 2.0).

❏ Leser können aktiv die Artikel kommentieren und leicht mit dem Autor in Dialog treten, Teil der Community werden, Dialoge mit anderen Kunden lesen, Diskussionen verfolgen.

❏ Die Webseite informiert in freundlicher, übersichtlicher Form über Ansprechpartner des Unternehmens mit Foto.

❏ Die Webseite enthält in einem Pressebereich Informationen und Bilder für Journalisten über die Organisation, die Geschäftsaktivitäten sowie die Ansprechpartner.

❏ Der Betreiber erhält regelmäßig Anfragen von Lesern über die Website.

❏ Besucher der Website können leicht Kontakt (per Kontaktformular, Telefon, E-Mail etc.) aufnehmen.

Checkliste Suchmaschinenfreundlichkeit

❑ Bei Eingabe eines relevanten Suchbegriffes bzw. einer Suchbegriffphrase wird die Website auf Position 1-10 der Suchergebnisliste gefunden.

❑ Die Website ist komplett in den wichtigsten Suchmaschinen indiziert (aufgenommen) und auffindbar.

❑ Die Webseiten bestehen aus validem HTML-Code (die Programmierung ist in Ordnung) und haben eine kurze Ladezeit.

❑ Die Website verlinkt zu anderen Websites und wird von anderen Seiten im Internet themenrelevant verlinkt.

❑ Die Website ist in wichtige Web-Verzeichnisse und -Portale eingetragen.

❑ Ein Statistik-Analysetool protokolliert die Zugriffe auf Ihre Website.

❑ Die Ergebnisse werden aktiv zur Website-Optimierung und Weiterentwicklung genutzt.

Checkliste Wirtschaftlichkeit & Effektivität

❑ Die Kosten/Nutzen-Relation stimmt.

❑ Inhalt, Struktur und Navigation der Website können jederzeit eigenständig bearbeitet und verändert werden.

❑ Ein CMS-System (Content-Management-System) erlaubt ein einfaches Publizieren von Artikeln, Grafiken, Fotos etc. ohne HTML-Kenntnisse.

❑ Die Website wird regelmäßig aktualisiert.

❑ Die Website wird in einem regelmäßigen Turnus inhaltlich und technisch weiterentwickelt und gepflegt.

❑ Auftretende technische Fehlerfunktionen werden umgehend nach Bekanntwerden beseitigt.

❑ Die CMS-Software wird in einem festen Rhythmus aktualisiert und auf dem Stand der Anforderungen des Internets gehalten.

❑ Die Website zeigt in allen modernen Internet-Browsern (Mozilla Firefox, Google Chrome, Opera, Apple Safari, Microsoft Explorer) ein sehr ähnliches Erscheinungsbild und fehlerfreie Funktionalität.

❑ Die Website ist plattformübergreifend programmiert. Sie erlaubt ein Betrachten und Navigieren mit PC, Notebook, Smartphone, Tablet & Co.

❑ Das Impressum ist abmahnsicher und entspricht den Vorschriften.

❑ Die Website ist weitgehend barrierefrei (Nutzung auch bei Farbblindheit, Sehbehinderungen etc. gut möglich)

Erfolgsfaktor 1:
Webdesign

Die erste Schritte, Projektbriefing

Wenn Sie mit einer neuen Website starten oder Ihre bestehende grundlegend überarbeiten wollen, sind vor allem die folgenden Fragen wichtig:

- Zielgruppe(n): Wen spreche ich an?
- Marketingziele: Welchen Nutzen verfolge ich, was muss die Investition bringen?
- Funktionalität: Welche Möglichkeiten bietet die Website (informieren, unterhalten, bestellen etc.)?
- Anmutung des Designs: Wie soll die Website wirken? Gibt es gestalterische Rahmenbedingungen (Erscheinungsbild, Coporate Identity)?
- Domainname(n): Welcher Domainname soll verwendet werden? Welche Namen sollten zusätzlich gesichert werden?
- Technischer Rahmen: Auf welcher CMS-Basis realisieren wir das Projekt?
- Projektplanung: Wer macht was bis wann? Welche Partner brauchen wir?
- Erfahrungen: Was können wir aus früheren Projekten und von anderen lernen?

Am besten werden die Antworten auf diese Fragen zusammen mit anderen wichtigen Informationen in schriftlich gut gegliederter Form zusammengefasst. Das ist eine notwendige Arbeitsbasis für alle am Projekt Beteiligten.

Die nächsten Schritte, Planungsphase

Bei einer guten Website müssen alle nachfolgend vorgestellten Erfolgsfaktoren zusammenspielen. Deshalb müssen Sie sich schon in der Planungsphase Gedanken über diese Erfolgsfaktoren machen. Ganz wichtig für das Webdesign ist vor allem der Erfolgsfaktor Content:

Struktur, Inhalt und Design müssen zusammenpassen.
Dann stimmt auch die Benutzerfreundlichkeit, die Usability.

Wichtige Planungsschritte sind nun unter anderem:

- Struktur- und Navigationsplan: Damit klären Sie die logische Struktur der Seitenelemente untereinander.

- Layout und Visualisierung: Hier geht es um grundlegende Fragen (siehe Skizze) wie der Position und den Größen der Seitenelemente. Oft werden für verschiedene Inhalte (und immer wichtiger für Computer, Tablet und Handy) unterschiedliche Webseitenlayouts (Templates) nötig, die aber optisch gut zusammenpassen müssen. Ein Gestaltungsraster ist in diesem Zusammenhang sehr hilfreich und bringt Ordnung in das Layout.

- Demoversion aufsetzen: Bei aller Planung: Websites sind ein dynamisches Medium. Funktionalität und Benutzerfreundlichkeit kann nur „erlebt" werden. Führen Sie die Usability-Tests mit am Projekt Unbeteiligten durch. Simulieren Sie Ihre Zielgruppe. Diese Testphase dient auch zur Optimierung der technischen Seite des Projekts.

Impulse für Layout und Visualisierung

Schriften, Zeilenabstand, Satzart

Die meisten Websites sind inhaltlich geprägt. So kommt der Lesbarkeit eine großes Bedeutung zu. Bedenken Sie: Nicht jede Schrift ist für das Lesen am Bildschirm gleich gut geeignet. Sinnvoll werden auch nur Schriften verwendet, die auf allen Betriebssystemen wirklich verfügbar sind: Die häufigsten Schriften für Websites sind zu 98% auf den unterschiedlichen Systemen verfügbar:

Verdana, *Verdana,* **Verdana**
Trebuchet, *Trebuchet,* **Trebuchet**
Arial, *Arial,* **Arial**
Tahoma, **Tahoma**
Georgia, *Georgia,* **Georgia**
Courier, *Courier,* **Courier**
Times, *Times,* **Times**

Sie erkennen bei dieser Schriftauswahl die unterschiedlich gute Lesbarkeit und die unterschiedlichen Lauflängen. Eine schmalere Laufweite erschwert ein wenig die Lesbarkeit, aber es passt mehr Inhalt auf eine Seite. Sich nur für eine Schrift zu entscheiden ist meist die beste Wahl. Überschriften setzen Sie am besten fett und für Zitate und Bildunterschriften nutzen Sie die kursive Variante der Schrift. Ihre Vorgaben können aber vom Leser der Site durch seine Vorgaben „überschrieben" werden. So können Sie nicht garantieren, was der Leser wirklich sieht.

Wählen Sie den Zeilenabstand nicht zu eng (zwischen 130 und 150% der Schriftgröße) und sorgen Sie für angemessene Zeilenlängen. Zu lange Zeilen mit über 80 Anschlägen sind nicht mehr gut lesbar. Browser unterstützen prinzipiell keine guten Trennungen und keinen Blocksatz. Linksbündiger Satz bietet sich deshalb an. Mehr über die Formatierung ab Seite 77.

Kleinere Schriften wirken oft edler, erschweren aber die Lesefreundlichkeit. Finden Sie einen guten Kompromis zwischen Funktion und Design.

Seitenlayout

Wie schon in der Einleitung betont: Das eigentliche Seitenlayout ist ein oft überschätzter Faktor für den Interneterfolg (Das sagt ein Gestalter!). Das heißt aber nicht, dass eine Website nicht auch durchdacht gestaltet sein muss und unästhetisch und lieblos daherkommen soll. Denn der erste visuelle Eindruck hat Gewicht und entscheidet! Grundsätzlich gelten für das Webdesign aber die allgemein gültigen Gestaltungsregeln. Es sind Regeln, die viel mit Wahrnehmungspsychologie zu tun haben. Prinzipien, die z. B. für ein gutes Foto und Seitenlayout gelten, sind auch für das Webdesign ausschlaggebend. Vergessen Sie aber nicht: Geschmack ist relativ und zielgruppenabhängig. Übrigens: Das Thema Gestaltung und Wirkung vertiefen wir in weiteren Leitfäden.

Noch ein wenig technisches Hintergrundwissen. Webseiten können flexible oder feste Größen haben. Bei der flexiblen Größe passt sich die Darstellung der Breite des Browserfensters an. Dadurch verändert sich der Umbruch der Textzeilen und damit die Gestaltung. Durch die Einstellung der minimalen oder maximalen Breite kann dafür gesorgt werden, dass weder zu lange Zeilen noch zu kurze Zeilen entstehen. Es ist möglich, dass dann die Anordnung der Seitenelemente (z. B. der Navigations- und Inhaltsbereich) eine andere Position einnehmen. Statt nebeneinander stehen dann die Bereiche untereinander. Das wird immer wichtiger, da Websites heute sowohl auf kleinen Handydisplays, als auch auf Computermonitoren gut wirken sollen.

Das sogenannte Responsive Design erkennt die Größe des Monitors und passt das Design optimal an. Dieses verursacht aber zur Zeit noch weitaus höhere Entwicklungskosten.

Ein guter Kompromiss ist es, Seiten grundsätzlich klar und einfach aufzubauen. Das heißt in der Regel auch, sich gegen ein dreispaltiges Layout zu entscheiden, denn das macht bei kleinen Bildschirmen oft Probleme. Eine gute Möglichkeit sich über das Grundlayout klar zu werden, bieten Skizzen wie auf der nebenstehenden Seite.

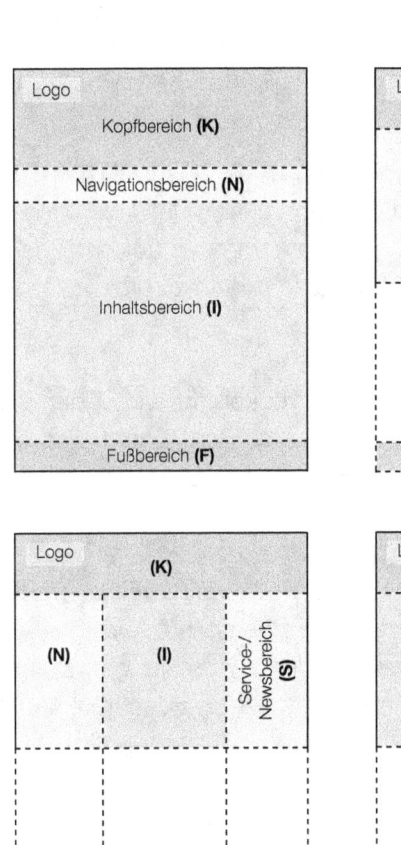
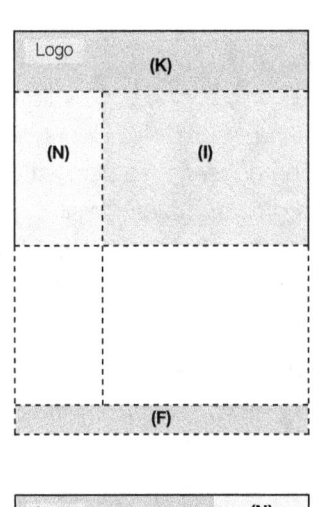

Beispiele für Layoutstrukturen und Screendesigns

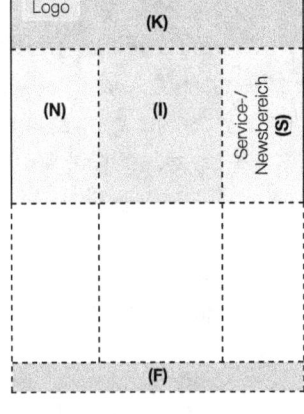
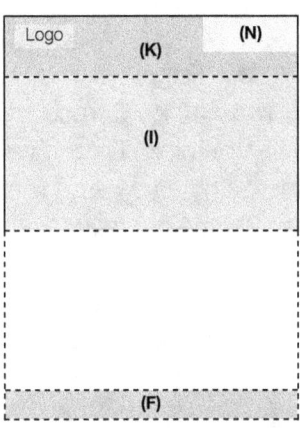
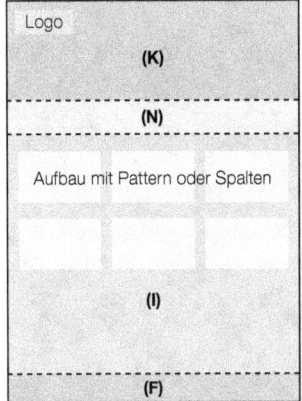
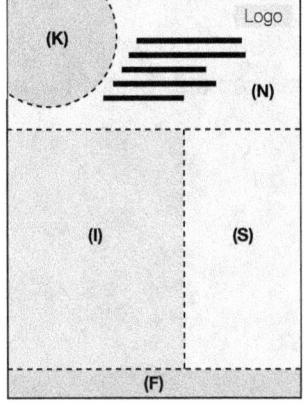

Farbgestaltung

Farben haben eine emotionale Bedeutung. So ist die Auswahl einer Farbe nicht nur Geschmackssache. Denken Sie auch daran, dass nicht alle farbigen Schriften gleich gut lesbar sind. Zudem kommt es auf das Zusammenspiel der Farben an. Manche Farbkontraste wirken zu grell, andere zu dezent.

Grundsätzlich gilt: Für die Lesbarkeit von Schrift kommt es auf den Kontrast zwischen Schrift und Hintergrund an. Dunkle Schrift auf hellem Hintergrund ist besser lesbar als umgekehrt. Vermeiden Sie zu helle und zu bunte Schriften..

Treiben Sie es in der Regel nicht „zu bunt". Viele kräftige Farben wirken schnell zu laut, zu unruhig. Gerade kräftige Farben wirken am besten in einem dezenten Farbumfeld. Grau in verschiedenen Abstufungen ist immer ein guter „Partner" für starke Farben. Im Übrigen ist die Beschränkung auf die sogenannten 216 websicheren Farben heute nicht mehr nötig.

Denken Sie auch an schlechte Lichtverhältbnisse beim Betrachten. Zu leichte Farben gehen oft unter. Das was bei einer Drucksache edel und gut aussieht, kann bei einer Website nur flau wirken.

Realisierung

Je weiter das Webdesign konkrete Gestalt animmt, umso mehr solten Sie sich mit den weiteren 6 Erfolgsfaktoren befassen ...

Erfolgsfaktor 2:
Aktueller und gehaltvoller Content

Texte, Texte, Texte

Suchmaschinen „lieben" (wie auch Leser) stets aktuelle und wertvolle Informationen. Sie lieben Texte. **Relevanter Content** heißt aus der Sicht der Suchmaschinen Texte in Form von aktuellen, neuen Artikeln, Seiten, Zitaten, Textabschnitten, Überschriften, PDF-Dateien, Navigationsmenüs, Dateinamen, Meta-Informationen etc.

Suchmaschinen sind Maschinen und verstehen nur Texte.

Texte in maschinenlesbarer Form machen das Rennen und stehen im Mittelpunkt des Interesses.

Vergessen Sie nicht die Bedeutung von Grafiken, Fotos und anderen Dokumenten – selbstverständlich beschriftet und mit Meta-Informationen versehen. Auch über die Bildersuche von Google kommen erfahrungsgemäß viele Leser auf Ihre Seite.

Ihre Website wird auf die Dauer immer wichtiger

Aktueller Content gehört zum Informations- und Serviceangebot einer Website. Einmal veröffentlicht, haben die Informationen im Internet Bestand. Die Website wächst stetig, wird größer und informativer. Mit der Zahl der Veröffentlichungen prägt sich das thematische Umfeld des Angebotes immer weiter aus. Besucher finden so die Website immer besser, selbst wenn sie nicht genau nach dem Haupt-Keyword der Seite suchen. Eine kleine Website hat hier weitaus schlechtere Chancen gefunden zu werden. Stellen Sie sich vor: Mit gehaltvollem Content bekommt das virtuelle Netz aus den Suchbegriffen einer Website immer engere Maschen. Je mehr Inhalt auf Ihrer Seite steht, umso wichtiger ist eine klare Gliederung. Aber zuviel, vor allem unstrukturierte Informationen verwirren den Leser. Eine gute Suchfunktion mit treffender Verschlagwortung der Inhalte ist wichtig.

Eine große Bibliothek ist schön – aber nur, wenn Sie gut betreut werden und Ordnung herrscht.

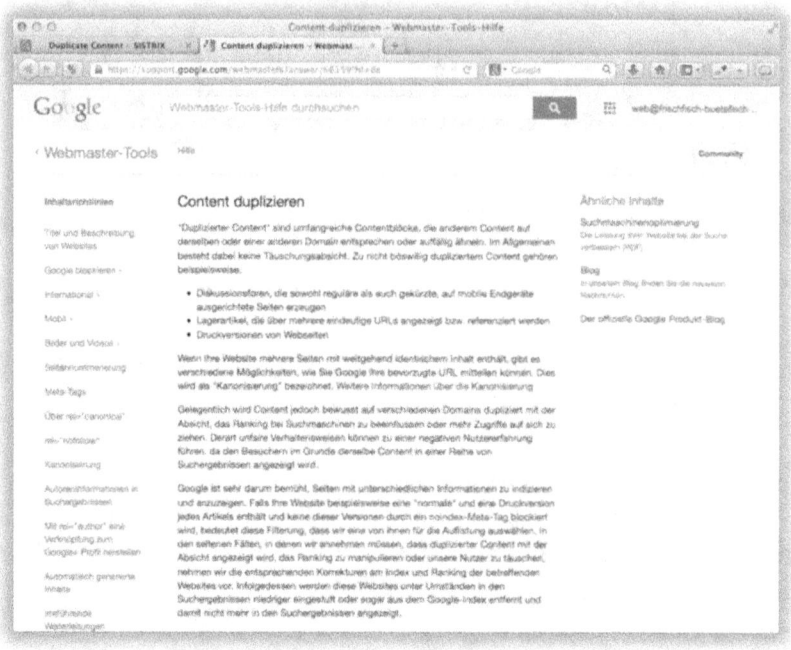

Doppelter Content schadet dem Erfolg

Als Suchmaschine hat zum Beispiel Google in den letzten Jahren einen überaus leistungsfähigen Algorithmus entwickelt, der doppelte Inhalte (Duplicate Content) messerscharf erkennt und die betreffenden Webseiten sofort mit Nichtbeachtung belegt. Gehen Sie sorgsam mit den veröffentlichten Texten um. Exklusive eigene Texte genießen den Vorrang. Wenn Sie Texte aus anderen Quellen übernehmen müssen, schreiben Sie die Texte um. Bei Zitaten begrenzen Sie die Textmenge auf ein notwendiges Maß und kennzeichnen die Quellen. Weniger ist mit Blick auf mögliche Probleme eher mehr. Berücksichtigen Sie das Urheberrecht an Texten. Sie vermeiden damit Unannehmlichkeiten wie Abmahnungen und ähnliche Schwierigkeiten.

Jeder Artikel hat ein eindeutiges Thema

Geben Sie jeder Seite Ihres Webauftritts (jedem Artikel) ein klar umrissenes Thema. Statt ein umfangreiches Thema in einem einzigen Artikel abzuhandeln, teilen Sie den Inhalt in mehrere Artikel, auch eine Artikelserie bietet sich an. So hat jeder Artikel seinen eigenen Titel, verfolgt thematisch sein eigenes Ziel. Stellen Sie diesen Seiten eine Einleitungsseite voraus – sie dient dann als Sprungverteiler mit den Links zu den entsprechenden Unterseiten. Die Übersichtlichkeit der Website wird dadurch gewinnen. Achten Sie auch darauf, dass das Navigationsmenü inhaltlich gut mit dem jeweiligen Seiteninhalt zusammenpasst.

Wie viel Text braucht ein guter Artikel, eine gute Seite?

Auf einer Webseite ist eine zu kleine Textmenge ebenso schädlich wie ein zu langer Text. Dabei muss „inhaltlicher Text" deutlich länger sein als der Text in der Navigation und auf anderen Seitenelementen. Eine geringe Textmenge hat für Suchmaschinen keine Relevanz. Eine Mindestlänge von 200 bis 300 Wörtern ist erforderlich. Optimal sind bis zu 1000 Wörter. Bei zu langen Seiten leidet die Benutzerfreundlichkeit beim Scrollen und Lesen am Bildschirm. So sollten Sie Texte mit mehr als 1000 Wörtern besser auf mehrere Seiten aufteilen. Ausnahmen bestätigen die Regel.

Der richtige Mix macht einen guten Content

Schreiben geht nicht einfach so nebenher. Ihren Schreibaufwand können Sie reduzieren, wenn Sie strategisch vorgehen. Sorgen Sie für

- abwechslungsreiche inhaltliche Schwerpunkte
- einen festen (wöchentlichen) Rhythmus von Veröffentlichungen
- den Wechsel von unterschiedlich langen Artikeln und kurzen News
- die Integration von interaktiven Elementen (z. B. Umfragen)
- im Rhythmus eingeschobene Sonderartikelserien

Ihr Content soll natürlich wachsen und authentisch sein. So wird Ihr Webauftritt glaubhaft und attraktiv für den Leser, immer wieder einmal dort „vorbeizuschauen". Ihre Webseite spiegelt durch den Content-Mix alle Aktivitäten Ihrer Organisation. Je transparenter und glaubhafter Sie kommunizieren, umso leichter wird es gelingen, über das Internet Kontakte zu Ihrer Zielgruppe zu knüpfen. Übrigens ist Transparenz ganz besonders im „Krisenfall" wichtig oder wenn Ihre Organisation, aus welchen Gründen auch immer, in die Schlagzeilen gerät. Transparenz bietet die Chance, den Vertrauensverlust in Grenzen zu halten und neues Vertrauen wieder aufzubauen.

Welche Veröffentlichungsfrequenz ist sinnvoll?

Kontinuität zählt. Das Veröffentlichen von mindestens 2 Artikeln pro Woche ist sinnvoll. Dabei gilt: 8 Artikel verteilt über den Monat veröffentlicht sind besser als 8 veröffentlichte Artikel an einem Tag. Ein modernes Content-Management-System unterstützt Sie bei einem sinnvollen Veröffentlichungsrhythmus. Sie schreiben, wenn Sie Zeit haben und sagen dem System, wann die Veröffentlichung erfolgen soll.

Je öfter Sie veröffentlichen, umso schneller werden Ihre Artikel auch in den Suchmaschinen gelistet werden.

Webseiten mit aktuellem, neuem Content werden von den Suchmaschinen-Robots (verantwortlich für die Indizierung, d. h. Sichtbarkeit neuer Seiten) bevorzugt und schneller aufgenommen. Ein gutes CMS unterstützt diesen Prozess pro-aktiv und informiert bei der Veröffentlichung automatisch die Suchmaschinen-Robots über den neuen Content.

Benutzer lesen sich skimmend durchs Internet

Lesen im Internet heißt oft, Texte zunächst zu überfliegen. Man nennt dieses schnelle Überfliegen auch „Texte scannen". Mehr Informationen nimmt der Leser durch das sogenannte Skimming (skim = abschöpfen) auf. Hier geht es um möglichst effizientes Informieren, ohne aber Wort für Wort zu lesen. Detailgenau lesen Besucher nur, wenn ihr Interesse stark geweckt ist. Texte im Internet sollten so strukturiert sein, dass sowohl scannendes, skimmendes als auch intensives Lesen möglich sind. Denken Sie an unterschiedliche Leser und Lesesituationen. Machen Sie es passend für Ihre Zielgruppe.

Strategie zum Texten

Machen Sie eine Stichwortsammlung oder eine Mindmap. Dann priorisieren Sie die einzelnen Stichpunkte – was ist wichtig, was weniger. Denken Sie immer an die Bedürfnisse Ihrer Leser! Versetzen Sie sich in die Rolle des Besuchers Ihrer Internetseiten. Bringen Sie Ihre Ansichten in Balance mit den Wünschen Ihrer Leser. Konzentrieren Sie sich auf das Wesentliche. Pro Internetseite reicht es, drei bis maximal sechs wichtige Punkte herauszustellen. Mehr kann sich ein Leser sowieso schlecht merken.

Gut strukturierte Texte erleichtern das Verständnis erheblich

Schreiben Sie sauber strukturierte Texte. Ihre Besucher werden es Ihnen danken. Finden Sie für jeden Text einen prägnanten Titel. Kurz, einprägsam, sofort verständlich. Egal ob Sie sich darüber ärgern oder nicht: Bildzeitungstitel sind einprägsam. Der Titel muss uns packen und in den Artikel hineinziehen. Besucher müssen nicht lesen! Auf den ersten Abschnitt (auch Teaser genannt) kommt es dabei besonders an. Wenn der Teaser interessant und die Neugier geweckt ist, dann ist der Weg zum eigentlichen Text frei. Sie haben den Besucher in Ihren Bann gezogen.

Das Wichtigste kommt zuerst!

Schreiben Sie Texte, typisch für Zeitungsartikel und Pressetexte, in V-Form. Die wichtigste Information steht am Anfang, Unwichtigeres am Ende. Beim Texten können Ihnen die folgenden sechs journalistischen W-Fragen helfen:

1. Wer?
2. Wie?
3. Was?
4. Wo?
5. Wann?
6. Warum?

Optimieren Sie Internettexte grundsätzlich für das schnelle Lesen. Zwischenüberschriften bringen die Botschaften der einzelnen Abschnitte gleich auf den Punkt. So kann der Leser diese Zwischenüberschriften von oben nach unten überfliegen und sich schnell einen Überblick über den Inhalt verschaffen.

Einfach leicht lesbar: „Keep it simple and stupid."

Schreiben Sie grundsätzlich einfach und prägnant. Als Faustregel gilt: 10 und 15 Wörtern pro Satz sind optimal. Verzichten Sie auf komplizierte Schachtelsätze. Vergessen Sie nicht: Sie schreiben, um eine Wirkung bei Ihrer Zielgruppe zu erzielen und nicht, um Germanisten und Deutschlehrer zu beeindrucken. Die Texte sollen verkaufen, nicht an eine wissenschaftliche Dissertation erinnern. Die folgenden Tipps helfen:

- Einfache Worte und Sätze sind besser als komplizierte.
- Aktive Formulierungen sind besser als passive.
- Verben sind besser als substantivierte Verben.
- Vermeiden Sie Verneinungen, Superlative und Füllwörter.
- Verzichten Sie weitgehend auf Modalkonstruktionen wie „würde", „könnte", „möchte", „sollte" etc.

Quälen darf sich der Autor beim Ringen um die richtige Formulierung, aber nicht der Leser.

Schreiben Sie wenn möglich so, dass es auch ein 12-Jähriger versteht. Leser haben es gerne einfach. Wer z. B. Öffnungszeiten oder einen Arzt sucht, freut sich über eine klare, einfache Sprache. Übrigens zeugen komplizierte Formulierungen selten für gute Sprache oder besonders geistreichen Inhalt. Meistens hat es sich nur der Autor leicht gemacht – und manchmal möchte der Autor auch nur durch eine gesteltzte Sprache beeindrucken. Denken Sie daran, für welches Medium Sie schreiben. Selten macht es Sinn im Internet feuilletonistisch oder literarisch anspruchsvoll zu schreiben.

Trockener Inhalt macht nicht an

Vergessen Sie bei aller Kürze nicht die Emotionalität. Denken Sie an die Erkenntnisse der Wahrnehmungspsychologie: Emotionen sind der Türöffner für sachliches Verständnis von Zahlen, Daten, Fakten. Emotionalität im Ausdruck steht aber keineswegs für blumige, gefühlsduselige Ausdrucksweise – darunter leidet die Seriosität. Also, texten Sie verständlich und lesbar. Lassen Sie nach ca. drei bis fünf Sätzen eine Leerzeile. Abschnitte unterstützen die optische Gliederung und sorgen für inhaltliche Orientierung. Zwischenüberschriften nach ca. drei bis vier Absätzen geben dem Text Struktur. Und zu guter Letzt: Das, was für den Teaser gilt, übertragen Sie auf Abschnitte – beginnen Sie auch Absätze mit den wichtigsten Aussagen des jeweiligen Absatzes.

Aber Sie wissen ja: Keine Regel ohne Ausnahme, wenn es dafür einen sinnvollen Grund gibt. So können Sie längere Texte statt in V-Form durch einen Spannungsbogen strukturieren und dramatisieren. Das könnte bei der Unternehmenshistorie oder einem Veranstaltungsbericht durchaus passen. Erzeugen Sie dann bewusst Spannung mit Zwischenhöhepunkten und Akzenten, ähnlich wie in einer guten Geschichte. Machen Sie den Einstieg spannend und heben Sie sich den Höhepunkt bis kurz vor Schluss auf. Setzen Sie sogenannte „Cliffhänger" am Abschnittsende bewusst ein – d. h. der Leser möchte unbedingt weiterlesen, um zu erfahren, wie es weitergeht.

Denken Sie immer daran, für wen Sie schreiben:

Der Wurm muss dem Fisch, nicht dem Angler schmecken.

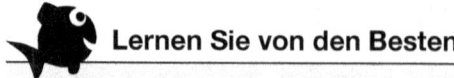 **Lernen Sie von den Besten**

Lassen Sie sich von informativen Presseveröffentlichungen und gutem Journalismus inspirieren. Anregungen finden Sie in den Medienempfehlungen im Anhang.

Gedanken zur Textformatierung bzw. Textgestaltung

Finden Sie die Balance zwischen ruhiger, seriöser Anmutung und inhaltlichen Hervorhebungen durch Aufzählungen, Einrückungen, Fettsatz, Informationsboxen. Gute Lesbarkeit und der schnelle Überblick stehen im Internet im Vordergrund. Eine rein ästhetische Ausrichtung des Schriftbildes ist im Internet nicht zielführend. Gerade die Verwendung von verschiedenen Überschriftenhierachien – dazu gleich mehr – unterstützt die Lesbarkeit für Mensch und Maschine!

Wichtige Impulse auf einen Blick

Eine Website gleicht dem **Netz** beim Fischen. Jeder Artikel ist ein Knoten, an dem Besucher „hängenbleiben". Der Köder (Keywords) soll dabei dem Fisch (Besucher) schmecken, nicht dem Fischer (Websitebetreiber).

Die Suchmaschine versteht nur **Text**. Doppelte Texte schaden, da sie die Qualität der Ergebnisse negativ beeinflussen und ggf. sogar Copyright-Probleme mit sich bringen.

Jeder Artikel eines Webauftritts hat ein konkretes, fest umrissenes Thema und Ziel. Gute Artikel sind informativ und lesefreundlich für Suchmaschine UND Mensch.

Eine **regelmäßige Veröffentlichung** „freut" die Suchmaschine. Aber auch beim Leser haben aktuelle Texte Vorrang.

Lebendige Texte sind dank einer **guten Struktur** verständlich und leicht lesbar. Attraktive Überschriften ziehen Leser in die Texte hinein. Gut gegliederte Texte informieren den Leser über das: *Wer? Wie? Was? Wo? Wann? Warum?*

Sätze mit ca. 12 Wörtern Länge sind **einfach und leicht lesbar**. Kurze Abschnitte verbessern die Lesbarkeit. Zwischenüberschriften und Textauszeichnungen geben dem Text eine informative Struktur und sind lesefreundlich.

Ein nützlicher Hinweis, wenn Sie in das Thema tiefer einsteigen möchten. Detaillierte Impulse für guten werblichen Text – auch und gerade für das Internet – finden Sie im Leitfaden 3.

Erfolgsfaktor 3:
Das passende Content-Management-System (CMS)

Website-Betreiber müssen heute keine Internetexperten mehr sein

Mit Content-Management-Systemen (CMS) können Sie selbst Menüs anlegen, Texte schreiben und formatieren, Dateien hochladen, Videos einbinden, Benutzerrechte vergeben und vieles mehr. Die Bedienung ist ähnlich dem, was Sie beispielsweise von Word her kennen. HTML- und CSS- Kenntnisse (die Programmiergrundlagen von Internetseiten) sind deshalb für die „Standardpflege" nicht unbedingt notwendig. Das ändert sich, wenn Sie mehr erreichen wollen. Aber dafür gibt es ja Fachleute, die Sie unterstützen. Um ein CMS-System nutzen zu können, brauchen Sie eigentlich nur einen Anbieter, der Ihnen ein CMS auf einem Server bereitstellt und betreibt. Das wird Hosting genannt. Wer sich mit der Einrichtung eines Servers auskennt, kann sich ein CMS-System sogar selber einrichten.

Moderne CMS machen aktuelle Veröffentlichungen einfach

CMS mit Online-Tagebuchfunktion (sogenannte Weblogs) unterstützen dies in einer idealen Weise. Zugleich ist die technische Weblog-Funktionalität auf die Anforderungen von Suchmaschinen bestens abgestimmt. Weblogs bereichern die Kommunikation in Form von News-/Aktuell-Bereichen und machen aus einer Website ein interaktives Medium. In den letzten zehn Jahren sind Weblogs eine Art Standardbestandteil der Internetwelt geworden. Entweder als Ergänzung eines bereits bestehendes Webauftritts auf einer Website oder als alleiniges System. Über den Wert des „Bloggens" für das Suchmaschinenranking haben Sie im letzten Kapitel ja schon einiges erfahren.

CMS trennen Inhalt, Design und Technik

Moderne CMS trennen heute Inhalte (Texte, Dateien etc.) von Webdesign und der Gestaltung. Sie können so einfach Ihr Design ändern, ohne den Inhalt neu eingeben zu müssen. Doch ein CMS bringt noch weit mehr

Vorteile: Die Folgekosten sinken. Statt jede Änderung der Website extern in Auftrag zu geben, können Sie diese mit einem CMS jederzeit selbst von Ihrem Arbeitsplatz aus vornehmen.

Beispiel für eine Benutzeroberfläche eines CMS

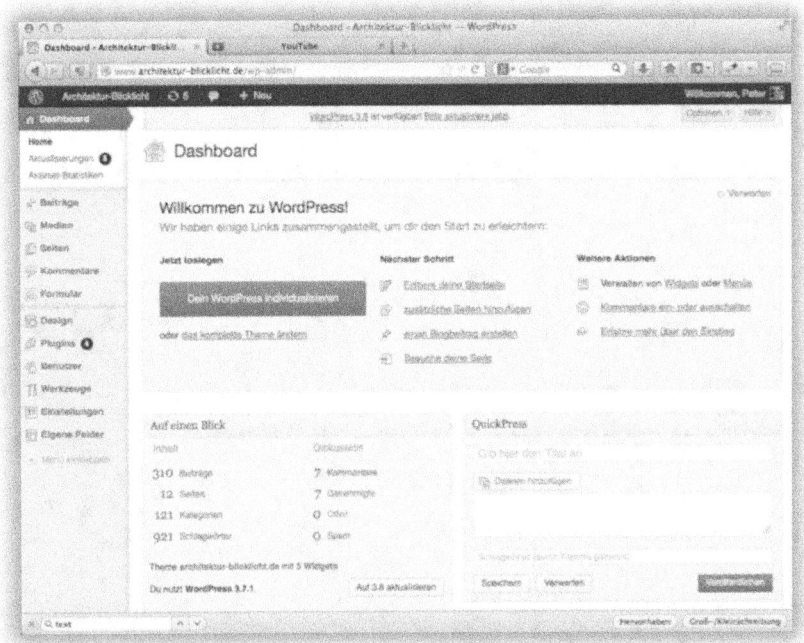

Aufgaben eines CMS:

- Anlegen, Verwalten und leichtes Bearbeiten der Artikel und Seiten
- Anlegen, Verwalten, Bearbeiten, Freigeben und Sperren von Kommentaren
- Anlegen, Verwalten von Kontaktformularen inkl. der Kommunikation
- Anlegen, Verwalten von Kategorien, Ordnern
- Anlegen, Verwalten von Menüs und Navigationselementen
- Anlegen, Verwalten der Benutzer inkl. Benutzerrechte
- Hochladen, Verwalten, Einfügen von Grafiken, Fotos, Dateien

- Verwalten und Einfügen von Bildern/Fotogalerien
- Verwalten der technischen Funktionen der Website
- effektive Unterstützung und Management der Suchmaschinenoptimierung, etc.

Ohne ein CMS ist heute ein wirtschaftlicher Betrieb einer Website nicht mehr möglich!

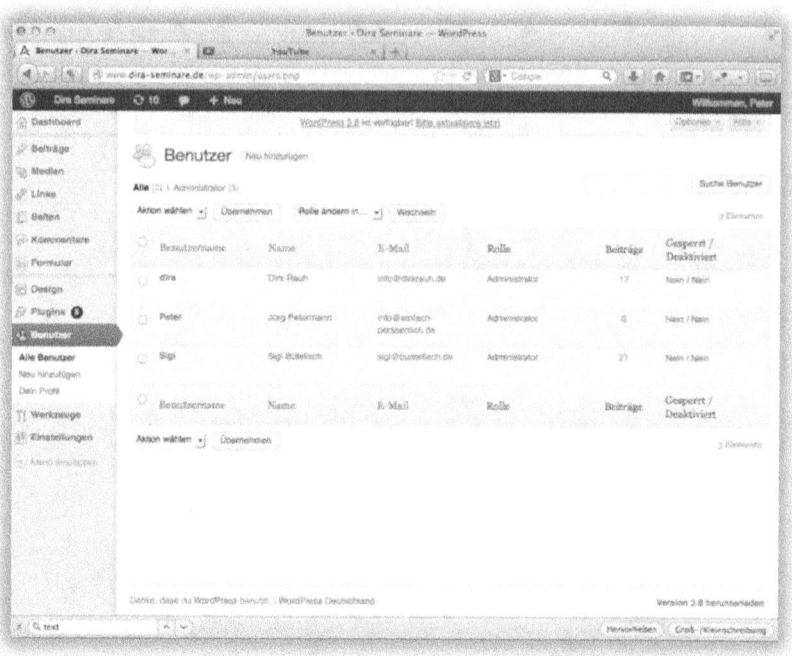

Mehrere Benutzer arbeiten zeitgleich mit Rechtesystem

Ein gutes und intelligent geplantes CMS funktioniert wie ein „Rundum-Sorglospaket" für den Betreiber. Seine Benutzer benötigen wenig Hintergrundwissen, und über eine bedienerfreundliche Eingabeoberfläche können mehrere Personen – zeitgleich von unterschiedlichen Orten aus – an einem Projekt arbeiten. Ein Rechtesystem regelt dabei die Zugangsrechte der beteiligten Personen.

Der Websitebetreiber kann viel, aber nicht alles

Moderne CMS haben die Trennlinie zwischen Webdesigner, Administrator und Website-Betreiber deutlich zum Website-Betreiber hin verschoben. Doch ganz ohne Technik und Webdesign geht es aber auch heute noch nicht. Technisches Fachwissen ist ebenso erforderlich wie Kenntnisse in der Suchmaschinenoptimierung. Auch eine noch so intuitiv zu bedienende Software benötigt technisches Verständnis, sobald Sie für Ihre Website mehr tun als der normale, vergleichbare Anwender. Die anspruchsvollen technischen Bereiche Ihrer Website sollten – dank CMS-Unterstützung – nach wie vor von Ihrem Webmaster bearbeitet werden. Je umfangreicher die individuellen Anpassungen und Optimierungen, umso mehr Fachkenntnisse werden benötigt. Wer meint profundes Wissen durch ein CMS einfach ersetzen zu können, bekommt sehr schnell die Grenzen dieses Vorgehens aufgezeigt.

Content-Management-Systeme liegen im Trend

Heute haben sich viele verschiedene CMS etabliert. Es gibt kostenfreie Software und CMS-Software mit Lizenzkosten. Spätestens seit dem Erfolg der Weblog-Systeme nutzen viele Website-Betreiber heute eine Blogsoftware als CMS (Wordpress, Drupal, Movable Type, Joomla, Typo3 u. a.).

Besonders interessant und reizvoll sind die kostenfreien Open Source Lösungen. Wie der Name schon andeutet, steht hier der Quellcode der Software jedermann und speziell den Entwicklern zur freien Verfügung – Einsicht, Anpassung und Weiterentwicklung unbedingt erwünscht!

Frei verfügbare Software-Lösungen werden stark nachgefragt

Gerade Open Source Software unterliegt einer permanenten Weiterentwicklung. Und so ist es nicht verwunderlich, dass beispielsweise aus einem unscheinbaren Blogsystem Wordpress innerhalb von 10 Jahren ein leistungsfähiges, flexibles CMS-System gewachsen ist, mit dem heute über 60 Millionen Websites betrieben werden.

Jede Software stellt Anforderungen hinsichtlich:

- **Unterstützung** der jeweiligen Programmiersprache (Skripte)
- **Speicherplatzbedarf** Software/Website bezüglich Festplatte des Servers
- **Ressourcenhunger** der Software bezüglich RAM des Servers
- **Laufzeitbeschränkungen** der Skripte zur Sicherung Performance des Servers
- **Datenbanknutzung** – Art und Umfang, Geschwindigkeit
- **Geschwindigkeit** Serversystem
- **Technische Voraussetzungen** Server (sprich Webhosting)

Es ist nur verständlich, dass die Wahl eines CMS-Systems meist auch aus Kostengründen heraus getroffen wird. Ein kostengünstiges und einfaches CMS wie ein Webbaukastensystem großer Telefongesellschaften, kann sich jedoch schnell als Engpass für die Entwicklung der Website herausstellen. Warum?

Nachteile der Webbaukästen-Angebote

Webbaukastensysteme (z. B. von strato.de, 1und1.de u. a.) sind spezielle Softwareangebote EINES Anbieters. Diese gibt es nur dort. Für den Start eines Projektes sind solche Angebote lukrativ. Sie kommen mit geringen Kosten und mit wenig Aufwand zu einer schnellen Homepage. Der Appetit kommt aber meist beim Essen und mit zunehmender Interneterfahrung.

Aber Achtung! Ein Homepage-Baukasten von strato.de zum Beispiel hat eine Mindestlaufzeit von 12 oder 24 Monaten. Die Do-it-Yourself-Homepage von 1und1.de hat ebenfalls 12 Monate Mindestlaufzeit. Viel zu große Zeiträume im Zeitalter eines schnellen Internets. Die Umsatzgenerierung des Anbieters steht hier zweifellos vor dem Bedarf des Kunden.

Wo liegen die Engpässe eines Baukastensystems?

Schwierig werden die Herausforderungen bei Baukastensystemen, wenn:

- die Anforderungen an eine Individualisierung der Website steigen
- die Website optimiert oder weiterentwickelt werden soll
  (fehlender Zugriff auf wichtige Funktionen)
- die gewünschten Funktionen nicht im Tarif enthalten sind
  (Kosten steigen)

Wer baut sein Traumhaus schon gern auf dem Grundstück von Dritten? Webbaukastensysteme wachsen i. d. R. nicht mit dem Angebot mit. Steht ein Umzug der Website ins Haus, müssen Sie die Website in einem neuen System aufzubauen.

Kurzbeschreibung einiger Content-Management-Systeme

Vergleichen Sie vorher genau!

Nicht alle Baukastensysteme haben in allen Preisstufen die erforderliche Funktionsvielfalt zum optimalen Betrieb einer Website. Deshalb empfehlen wir Ihnen, sich am besten für ein gebräuchliches CMS zu entscheiden. Bevor Sie sich für ein bestimmtes CMS entscheiden, sollten Sie die Vor- und Nachteile der jeweiligen Systeme kennen. Mit einer kurzen Vorstellung der verschiedenen Systeme, möchten wir Ihnen die Entscheidung erleichtern. Alle der vorgestellten Systeme können durch sogenannte Plug-Ins recht einfach in ihrem Funktionsumfang erweitert werden (to plug in = „einstöpseln, anschließen"). Doch ohne gewisses Fachwissen können damit auch zunächst unbemerkte Nachteile entstehen. Bewusst gehen wir etwas ins Detail, was Sie ohne entsprechende Vorkenntnisse überfordern kann. Wenn Ihnen das so gehen sollte, lassen Sie sich am besten kompetent beraten.

Grundsätzlich gilt für die Auswahl eines für Sie passenden CMS:

So einfach wie möglich, so komplex wie nötig.

Typo3

Typo3 ist ein seit der Jahrtausendwende existierendes, leistungsfähiges CMS. Es wird hauptsächlich im europäischen Raum bei großen und komplexen Websites eingesetzt. Es steht kostenfrei zur Verfügung. Dabei stellt Typo3 jedoch aufgrund seines Umfanges sowohl an die Serverbasis (Webhosting) als auch an die Verantwortlichen (Manpower) erhöhte Anforderungen. Das schlägt sich in den Kosten nieder. So benötigt Typo3 mehr Zeit und Ressourcen als andere Systeme. Typo3 spielt seine Stärken vor allem bei größeren oder komplexeren Internet-, Extranet- oder Intranet-Projekten aus. Typo3 beinhaltet alle Funktionen eines Premium-Content-Management-Systems wie z. B. Mehrsprachigkeit, Multidomain-Unterstützung, umfangreiche Rechteverwaltung (d. h. verschiedene Benutzer können in unterschiedlichen Rollen mitwirken). Typo3 ist nahezu unbegrenzt erweiterbar. Sicherheitsupdates genießen einen großen Stellenwert. Anbindungen an andere Businesssoftware und Datenbanken (z. B. ERP-, CRM-Lösungen) sind realisierbar.

Drupal

Drupal ist eine seit 2001 frei verfügbare Web-Community-Lösung. Sie wurde mehrfach ausgezeichnet, erhielt u. a. den Open Source CMS Award. Die nächste Entwicklungsstufe ist für den September 2014 angekündigt. Dann sollen unter anderem HTML5 und das Responsive Design unterstützt werden. Drupal konzentriert sich auf den Aufbau von Social-Publishing- und Community-Portalen, wo Mitglieder eigene Inhalte erstellen und mit anderen Teilnehmern interagieren können. Es enthält bereits Community-Features wie zum Beispiel Weblogs, Foren und Tag Clouds.

Drupal ist modular aufgebaut. Es ermöglicht deshalb die Umsetzung von komplexen Seitenstrukturen wie Multidomain-Management und Benutzerverwaltung. Diese ist weitaus aufwendiger als bei Wordpress oder Joomla. Die schlanke Grundinstallation bedeutet, dass viele Funktionen/Module manuell (per FTP) nachinstalliert werden müssen. Komplexe Module haben gegenseitige Abhängigkeiten und erschweren die Aktualisierung bzw. sind nicht abwärtskompatibel. Dadurch können unter Umständen Dokumente, die mit älteren Softwareversionen erstellt wurden, nicht mehr geöffnet oder weiterverarbeitet werden. Drupal eignet sich gut für Portale von Unternehmen und Organisationen mit viel Öffentlichkeitsarbeit und für Internetplattformen, deren Nutzer miteinander kommunizieren (Schwerpunkt Web 2.0). Ebenso sinnvoll ist seine Anwendung im Internet, Intranet (für interne Benutzer) und im Extranet (Hierbei erweitert man das Intranet auf eine festgelegte Gruppe externer Benutzer).

Movable Type

Movable Type (dt.: Bewegliche Letter) ist ein weit verbreitetes Weblog Publishing System des Unternehmens Six Apart. Gehostet wird es unter dem Namen Vox bzw. von Typepad als Dienst angeboten. Movable Type unterstützt viele Weblog-Funktionen wie Benutzerkonten, Kommentare, Beitragskategorien, Seiten und Designs (Themes). Viele Plug-Ins anderer Entwickler erlauben es, den Funktionsumfang zu erweitern. Ein Benutzer- und Rollensystem ermöglicht beispielsweise unterschiedliche Anwendungen in unterschiedlichen Aufgabenbereichen. Das System unterstützt statische Seitengenerierung, bei der Dateien für jede Seite aktualisiert werden, sobald sich der Inhalt ändert, dynamische Seitengenerierung, bei der die Seiten aus der zugrunde liegenden Datenbank zusammengefügt werden, sobald der Browser sie anfordert. Mit Moyable Type können Inhalte weitgehend ohne HTML-Kenntnisse veröffentlicht werden. Movable Type ist in der plattformunabhängigen Programmiersprache Perl geschrieben und arbeitet mit Datenbanken in MySQL, Berkeley DB, PostgreSQL und SQLite. Seit Ende 2013 unterliegt die aktuelle Version von Movable Type einer kommerziellen Lizenz. Aufgrund seines Aufbaus und der Flexibilität lassen sich mit Movable Type vielfältige Websites realisieren. Besonders interessant ist Movable Type um verscheidene Website-Module zu einer einzigen harmonischen Website zusammenzuführen.

Joomla

Joomla ist eine vergleichsweise junge Software. Sie ist in den USA sehr verbreitet und gewinnt auch in Deutschland an Wert. Joomla wurde 2005 veröffentlicht und steht unter der OpenLizenz GNU GPL v2. Sie hat eine große Fangemeinde, vor allem dadurch, dass sie kostenfrei zur Verfügung steht. Joomla unterstützt prinzipiell komplexere Seitenstrukturen als Wordpress, ist aber nicht so flexibel wie TYPO3 oder Drupal. Joomla ist optimal für kleinere bis große Seiten, wenn keine Freigabe-Workflows und keine Multidomain-Installationen erforderlich sind. Die Installation bedarf einiger Kenntnisse und ist nicht so einfach wie bei Wordpress. Die Bedienung ist im Vergleich zu Wordpress weniger intuitiv und verwirrt manche Nutzer.

Die Software ist noch immer anfällig für Hackerangriffe und Viren. Ein Update der Software geschieht manuell und ist damit aufwändig und benötigt technisches Fachwissen. Das Argument Kostenfreiheit kehrt sich so bei einigen Kunden schnell ins Gegenteil. Die Software ist gut dokumentiert. Anwender müssen sich jedoch intensiv mit der Materie beschäftigen. Damit das System zudem von mehreren Personen gleichzeitig genutzt werden kann (Mandantenfähigkeit), müssen Zusatzfunktionen aktiviert werden.

Wordpress

Wordpress ist ein seit 2003 weit verbreitetes, beliebtes und frei verfügbares Open Source Content-Management- und Weblog-System. 2007 und 2009 gewann Wordpress den Open Source CMS Award und 2010 den Open Source Award. Wordpress dominiert die Bloglandschaft zu ca. 50% weltweit. Die Software basiert auf der Lizenz GNU GPL und wird mit PHP und MySQL betrieben.

Wordpress besitzt eine intuitive Administrations- und Bedienoberfläche, und ist leicht zu installieren und konfigurieren. Suchmaschinenfreundliche URLs lassen sich gut einrichten. Wordpress besitzt eine einfache Benutzer- und Rechteverwaltung sowie die Möglichkeit eines Multidomain-Betriebes. Mit Hilfe von Plug-Ins lässt sich Wordpress schnell und flexibel unterschiedlichen Anforderungen anpassen. Das System besitzt eine große Community und Entwicklergemeinde und eine gute Dokumentation. Der Einstieg fällt leicht. Wordpress-Apps für mobile Endgerätenutzung runden den Funktionsumfang ab. Wordpress ist die optimale Wahl für alle Blogging- oder News-Portale mit verhältnismäßig einfachen Seitenstrukturen. So eignet sich Wordpress besonders für kleine oder mittelständische Firmen bzw. Organisationen.

Vorteile von Wordpress als CMS-System (Open Source)

- Wordpress ist einfach zu bedienen – leichte und kurze Einarbeitungszeit
- Wordpress ist leicht funktionell und optisch anpassbar
- Wordpress ist ein Weblog-System

- Wordpress hat eine Option für integrierte Suchmaschinenoptimierung
- Wordpress erlaubt eine flexible Permalink-Struktur
- Wordpress erlaubt eine schnelle Änderung von Artikeln und Seiten
- Wordpress erlaubt vielfältige Design-/Gestaltungsmöglichkeiten
- Wordpress ist stark ausbaufähig – über Plug-Ins
- Wordpress ist zukunftsfähig und sicher
- Wordpress wird permanent weiterentwickelt
- Wordpress verfügt über eine riesige Entwickler-/Fangemeinde
- Wordpress verfügt über einen integrierten Spamschutz
- Wordpress macht Software-Updates leicht möglich
- Wordpress ist sehr gut dokumentiert
- Wordpress ist eine kostenfrei verfügbare Open Source Software
- Wordpress ist in diversen Sprachen verfügbar
- Wordpress ermöglicht multilinguale Websites
- Wordpress bietet unterschiedliche Benutzerkonten mit Rechtesystem
- Wordpress schafft Unabhängigkeit vom Webdesigner
- Wordpress bietet ein Content-Management von mobilen Endgeräten

---

Wichtige Impulse auf einen Blick

Moderne CMS von Websites erlauben den Website-Betreibern heute ein flexibles, benutzerfreundliches und leichtes Veröffentlichen von Informationen wie noch nie zuvor.

Ein **wirtschaftlicher Betrieb** einer Website ohne CMS ist heute nicht mehr möglich. Viele Funktionen eines CMS sind heute zum absoluten Standard geworden.

Mit mehreren Benutzern können Sie auf Basis eines anzupassenden Rechtesystems – **zeitgleich von unterschiedlichen Orten aus** – an einem Ihrer Projekte arbeiten.

Moderne CMS trennen konsequent Inhalte (Texte, Dateien, etc.) von Webdesign. Die Folgekosten für Administration, Verwaltung, Weiterentwicklung, Pflege und Wartung sinken.

Nicht jeder **Website-Betreiber** muss heute ein HTML-Experte sein. Mit einem Content-Management-Systeme (CMS) können Sie Ihre eigene Website jederzeit in einem Browserfenster bearbeiten, Seiten pflegen, Dateien hochladen, ähnlich wie in einem Office-Programm, 24 Stunden rund um die Uhr, von jedem internetfähigen PC aus.

Technische Anpassungen verlangen auch heute technisches Fachwissen. Die anspruchsvollen technischen Bereiche Ihrer Website sollten – dank CMS-Unterstützung – nach wie vor von Ihrem Webmaster bearbeitet werden. Anpassungen im Quellcode oder ambitionierte Suchmaschinenoptimierung verlangen tieferes Fachwissen.

Frei verfügbare Open Source **CMS** liegen heute im Trend. Ein kostengünstiges und einfaches CMS-Baukastensystem kann sich jedoch schnell als Engpass für die Entwicklung der Website herausstellen. Setzen Sie, wenn immer möglich, von Beginn an auf eine **anbieterunabhängige Umsetzung**. Eine CMS-Website auf Basis von PHP oder Perl, MySQL, HTML und CSS (Wordpress, Drupal, Movable Type u.a.) lässt sich auf fast jedem funktionalen Webhosting betreiben.

Die Verwendung von Open Source CMS heißt aber meist nicht, dass Sie auf **professionelle Unterstützung** verzichten können, z. B. bei der Servereinrichtung. Open Source bedeutet also nicht „umsonst"! Immer wichtiger wird, dass dynamische Inhalte integriert und unterschiedliche Medienplattformen erkannt und unterstützt werden.

Erfolgsfaktor 4
Leistungsfähige Partner und Mitarbeiter

Schauen Sie genau hin, welche professionellen Partner Sie mit ins Boot nehmen

Auf einen professionellen Internetpartner sollten Sie besonders für die technische Seite (wenn Sie nicht selbst Profi sind!) nicht verzichten. Ähnliches gilt, wenn Sie höhere Ansprüche an die Seitengestaltung haben als Farben auszuwählen und die Kopfgrafik anzupassen. Profitieren können Sie von Sparringspartnern und Dienstleistern, die Sie bei der Erstellung der Inhalte und bei der Einarbeitung unterstützen.

Wie schon in der Einleitung gesagt: Es wird vielleicht ein Full-Service-Anbieter sein, aber Sie werden mehrere Ansprechpartner haben. Denn Kompetenz hinsichtlich der Informationsarchitektur, der Gestaltung und der Technik in Personalunion ist äußerst selten. Achten Sie darauf, wirklich mit denjenigen sprechen zu können, die sich auskennen.

Es nützt Ihnen wenig, wenn Sie einen Anbieter wählen, der Sie mit einer anonymen Hotline oder einem smarten Kundenbetreuer verbindet, der von der Sache wenig Ahnung hat. Eine Überlegung: Projektumfang und Firmengröße des Internetpartners sollten in Relation stehen. Denken Sie weder zu klein noch zu groß, investieren Sie nicht zweimal. Denn vielen, die das Internet als Marketinginstrument nutzen möchten, genügen die Baukastensysteme der großen Anbieter bald nicht mehr und sie steigen auf eine individuelle Lösung um.

Ein häufiges Missverständnis

Die Verwendung von Open Source CMS heißt meist nicht, dass alles umsonst ist oder Sie auf professionelle Unterstützung verzichten können und sollten. Auch wenn Sie eine Steckdose anschließen können und die Grundlagen Ihrer Hauselektrik verstehen – an den Sicherungskasten sollten Profis. Spinnen wir die Metapher weiter. Als geschickter Handwerker können Sie beim Hausbau viel selber machen, aber meist doch nicht alles. Nutzen Sie die Zusammenarbeit mit Profis um dazuzulernen.

Sparen Sie, aber sparen Sie nicht an der falschen Stelle!

Eine weitere Entscheidunghilfe können Ihnen die folgenden Checklisten bieten:

Checkliste für kompetente Unterstützung

❏ Sie haben einen persönlichen Ansprechpartner

❏ Sie haben eine telefonische (Hotline-)Telefonnummer

❏ Sie haben eine E-Mail-Adresse für technische Anfragen

❏ Sie erhalten bei Anfragen eine zeitnahe, aussagekräftige E-Mail-Antwort (innerhalb von 6-8 Stunden) oder einen Rückruf

❏ Persönliche Beratung und Schulung, wenn gewünscht

Checkliste für mitwachsendes Webhosting

❏ Das Webhosting wächst (ohne Umzug!) mit Ihren Anforderungen mit

❏ Innerhalb eines Webhosting-Tarifs lassen sich mehrere Domains betreiben

❏ Sie verfügen über beliebig viel Speicherplatz

❏ Ihnen entstehen keine Mehrkosten durch Datenverkehr (für Web, E-Mailverkehr und FTP)

Checkliste für Entwickler und ambitionierte Nutzer

❏ Sie haben vollen Zugriff auf htaccess-Funktionen

❏ Sie können beliebig viele MySQL-Datenbanken ohne Aufpreis nutzen

❏ Sie können beliebig viele Sub-Domains einrichten

❏ Sie können beliebig viele E-Mail-Postfächer einrichten
(keine Mail- oder Postfach-Größenbegrenzung)

❏ Sie können beliebig viele E-Mail-Weiterleitungen einrichten

❏ Sie können beliebig viele Cron-Jobs einrichten

❏ Sie können Verzeichnisse flexibel mit Passwortschutz belegen

❏ Sie können Ihre Mails auch über eine Webmail-Oberfläche senden/empfangen

❏ Sie können auf den FTP-Bereich mit unterschiedlichen Benutzern (Rechten) zugreifen

❏ Sie haben Zugriff auf eine Datenbank-Admin-Oberfläche PhpMyAdmin o. Ä.

❏ Sie können eigenständig Datenbank-Backups anlegen

❏ Das Webhosting sichert alle Daten täglich automatisch in einem Backup

Anpassung bei neuen Herausforderungen

- ❏ Das Webhosting kann auch Domains verwalten, die extern bei einem anderem Dienstleister angemeldet wurden

- ❏ Die Server-Einrichtung erlaubt die Nutzung eigener cgi-Skripte

- ❏ Die Server-Einrichtung limitiert Laufzeit und Speicherbedarf in weiten Grenzen

- ❏ Die Server-Einrichtung erlaubt die Nutzung eines eigenen SSL-Zertifikates (Betrieb der Website über https-Protokoll)

Wichtige Impulse auf einen Blick

Die **Verbesserung** eines Internetprojektes benötigt ihre Analysen, Instrumente und Tools. Das gilt erst recht bei der Weiterentwicklung und während der Optimierung einer Website.

Die persönliche Beziehung und die Kompetenz zu Ihrem Internetpartner bzw. zu Ihren Internetpartnern müssen stimmen.

Wenn Ihre Anforderungen größer werden, brauchen Sie einen Partner bzw. ein System, das mitwächst.

Erfolgsfaktor 5:
Optimierung für Suchmaschine UND Mensch

Nicht nur auf den Inhalt – auch auf die Form kommt es an.

Im ersten Schritt haben Sie für aktuellen und gehaltvollen Content gesorgt. Jetzt geht es darum, wie Sie diesen Content „webgemäß" formatieren und in die Seite einbinden – die Website für Mensch und Maschine optimieren.

Der Titel ist das Herz eines Artikels

Der Titel jeder Webseite ist mit Abstand das wichtigste Element einer Veröffentlichung. Mit einem guten Titel können Sie sehr viel gewinnen. Es gilt aber auch: Ein schlechter Titel kann mit einem noch so guten Text nicht mehr korrigiert werden. Der Titel wird aufgrund seiner Bedeutung zum Teil mehrfach in einer Optimierung verwendet. Wir kommen darauf zurück.

Schreiben Sie die Titel:

- kurz & kompakt
- aussagefähig & informativ
- den Kern des Artikels fassend
- knackig & einprägsam beim Lesen
- Interesse am Weiterlesen weckend
- reich an Schlüsselbegriffen (Keywords)

Der Titel eines Artikels wird im Quelltext i. d. R. mit einem H1-Tag (Hauptüberschrift) als wichtigstes Element der Seite gekennzeichnet.

(Zwischen-)Überschriften geben Orientierung & Struktur

Häufig wird auf nicht optimierten Internetseiten wahllos zwischen den Überschriften hin und her gesprungen. Manchmal fehlt dabei komplett die H1. Oft wird auch einfach willkürlich zwischen den Überschriftskategorien gewechselt – nach H2 folgt sofort H4. Beides sollte nicht vorkommen.

Der Quellcode einer Website ist also hierarchisch aufgebaut. In dieser Hierarchie erhält die Zwischenüberschrift stets eine Position UNTER dem Titel. Auch Anmerkungen zum Titel gehören zu den Zwischenüberschriften (H2, H3 ...).

Selten sind bei einem Text mehr als zwei Zwischenüberschriftsebenen sinnvoll und notwendig. Die dritte Ebene der Zwischenüberschriften würde dann im Quellcode mit H4-Tag ausgezeichnet. Für eine bessere Lesbarkeit, vermeiden Sie Zwischenüberschriften von mehr als zwei Bildschirmzeilen.

Gestalterisch sollte sich diese inhaltliche Gliederung (für Suchmaschinen) auch in der optischen Gestaltung und Gliederung der Artikelseite wiederfinden (für Besucher). Es versteht sich von selbst, dass alle Überschriften inhaltlich einen direkten Bezug zum Text haben. Über die Gliederung durch Überschriften hinaus, können Textelemente durch sogenannte Auszeichnungen (Fettsatz, Kursivsatz, Aufzählungen, Bildlegenden etc.) im Quelltext hervorgehoben werden. Diese Auszeichnungen gelingen in modernen Content-Management-Systemen ohne Schwierigkeiten und Vorkenntnisse. Die Formatierung erfolgt ähnlich wie bei Officeprogrammen, z. B. der Formatierungspalette in Word.

Diese Auszeichnungen (Regeln im Quellcode) sind nicht nur Gestaltungsmittel, sondern haben Einfluss auf die Lesbarkeit sowie die Seitenoptimierung, wenn gleich dieser Einfluss sehr viel geringer ist als beim Titel.

Optimale Struktur eines Webseiten-Textes

- **Titel des Artikels (Auszeichnung <H1>)**
  - Teaser (ohne Auszeichnung, ggf. Fettsatz)
  o **Überschrift Absatz 1 (Auszeichnung <H2>)**
    - Text-Absatz
    - Text-Absatz
    - Zwischen-Überschrift 1.1 (Auszeichnung <H3>)
      - Text-Absatz
      - Text-Absatz
    - Zwischen-Überschrift 1.2 (Auszeichnung <H3>)
      - Text-Absatz
      - Text-Absatz
  o **Überschrift Absatz 2 (Auszeichnung <H2>)**
    - Text-Absatz
    - Text-Absatz
    - Zwischen-Überschrift 2.1 (Auszeichnung <H3>)
      - Text-Absatz
      - Text-Absatz
    - Zwischen-Überschrift 2.2 (Auszeichnung <H3>)
      - Text-Absatz
      - Text-Absatz
  o **Überschrift Absatz 3 (Auszeichnung <H2>)**
    - Text-Absatz
    - Text-Absatz

Meta-Informationen „helfen" den Suchmaschinen

Neben den auf der Webseite sichtbaren Elementen enthält ein optimierter Quellcode Anweisungen für die Suchmaschinen, die sogenannten Meta-Informationen. Die wichtigsten davon sind der Meta-Title und die Meta-Description. Sie befinden sich im Kopf der Website zwischen den <head>-Tags. Einige Browser, wie z. B. Mozilla Firefox, zeigen den Meta-Title ganz oben in der Kopfzeile des Browserfensters an.

Warum sind Meta-Title und Meta-Description für eine Website wichtig?

Der **Meta-Title** ist ein wichtiger Optimierungsparameter und enthält i. d. R. den Titel des Artikels bzw. dessen leichte Abwandlung. Er ist direkter Bestandteil der Listung in den Suchmaschinenergebnissen von Google – erscheint also bei jeder erfolgreichen Suchanzeige. Begrenzen Sie die Länge des Meta-Titles eines Artikels auf max. 65 Zeichen. Mehr Stellen werden in den Google Ergebnislisten abgeschnitten.

Die **Meta-Description** ist eine werbewirksame und attraktive Zusammenfassung Ihres Webseiten-Textes. Google gibt mit diesem Baustein zur Websiteoptimierung die Möglichkeit an die Hand, für jede Internetseite eine passende Beschreibung zu formulieren. Wenn die Meta-Description in Ihrem Quellcode existiert, übernimmt Google automatisch Ihre Beschreibung in die Suchergebnislistung. Andernfalls ermittelt Google selbsttätig und automatisch eine Zusammenfassung aus dem Webseitentext. Überlassen Sie Ihren Website-Erfolg also nicht dem Zufall oder Google. Begrenzen Sie außerdem die Länge der Meta-Description auf max. 150 Zeichen. Auch hier gilt: Mehr Stellen werden in den Google Ergebnislisten abgeschnitten.

Meta-Title und Meta-Description sollten über das gesamte Projekt einzigartig sein. Verwenden Sie niemals doppelten Inhalt.

Was suchen die Leser im Internet wirklich?

Als Keywords oder Schlüsselbegriffe bezeichnet man Begriffe, Wortkombinationen (Phrasen), nach denen die Leser mit hoher Wahrscheinlichkeit im Internet suchen. Einfache und umgangssprachliche Suchbegriffe dominieren nach Untersuchungen. Besucher suchen beispielsweise nach „Schraubenzieher" statt nach „Schraubendreher", nach „Drucker-xyz funktioniert nicht" statt nach „Druckerfunktionsstörung Drucker-xyz". Das Benutzerverhalten zeigt: Je wichtiger einem Menschen eine Sache ist, umso klarer und einfacher wird seine Sprache. Wenn es wirklich existenziell wichtig ist, unterscheidet sich die Ausdrucksweise eines Literaturprofessors wenig von der Sprache eines Arbeiters. Es macht deshalb einen großen Unterschied für die Schlagwortsuche, ob sich Ihre Inhalte eher auf Existenz-, Grund- oder Luxusbedürfnisse Ihrer Zielgruppe richten.

Wo spielen Keywords eine besondere Rolle?

Schlüsselbegriffe spielen bei der Suche eine große Rolle. Anhand weniger Suchbegriffe muss die Suchmaschine die relevanten Webseiten ausfindig machen. Soll eine Website gefunden werden, muss sie neben den Texten für die Suchmaschine auch die richtigen Schlüsselbegriffe (Keywords) an den wichtigen Stellen verwenden. Keywords sollten, wenn möglich, bei einer Webseite auftauchen:

- im Domainnamen
- im Titel der Seite
- im Text
- im Meta-Title
- in der Meta-Description
- im Dateinamen (URL)
- in den Zwischenüberschriften/Auszeichnungen
- in den Dateinamen der Fotos, Grafiken, Dateien wie Audio, Videos, PDFs
- in den Meta-Daten der Dokumente (bsp. PDF)
- in der Webseiten-Navigation

Jeder Artikel zielt auf ein konkretes Ziel

Wir haben es schon einige Seiten vorher angerissen: Fokussieren Sie sich beim Schreiben eines Artikels auf nur wenige Keywords. In der Praxis erleben wir jedoch immer wieder das Gegenteil – mit negativen Folgen für die Sichtbarkeit der Seite.

Optimierung hinsichtlich der Keyword-Dichte eines Artikels

2-4% Prozent Keyword-Dichte in einem Text sind optimal. Übertreiben Sie die Keyword-Dichte in einem Artikel aber nicht. Sonst kann es passieren, dass Sie sich schnell sehr weit hinten in der Ergebnisliste der Suchmaschinen wiederfinden. Google greift bei Manipulationen rasch und unnachgiebig durch.

Gute Textoptimierung berücksichtigt Mensch UND Maschine

Eine reine Textoptimierung für die Suchmaschine geht zu Lasten der Lesbarkeit. Schnell wirken solche Texte unnatürlich. Eine gute Balance ist hier gefragt und zeichnet gekonntes Schreiben fürs Internet aus.

Aufbau der Keyword-Struktur im Text

Berücksichtigen Sie nicht nur unterschiedliche Schreibweisen Ihrer Keywords wie beispielsweise Joghurt und Jogurt. Verwenden Sie gezielt Begriffe, die eine ähnliche Bedeutung haben. Sie müssen wissen, dass die Suchmaschinen einen Bezug zwischen verschiedenen Keywords herstellen. Seit 2008 verwendet Google verstärkt die sogenannte Latente Semantische Indexierung (LSI). Dabei werden Keywords im Text gesucht, die zu dem eigentlichen Keyword in Beziehung stehen. Je näher also der inhaltliche Bezug zwischen den Schlüsselbegriffen ist, umso besser. Verwenden Sie deshalb in einem Text z. B. sowohl Dusche und Brause, Mac und Apple, Möhre, Karotte und gelbe Rübe. Das entspricht auch den Kriterien guten Schreibens. Das Geflecht aus Synonymen und verwandten Wörtern bringt Abwechslung in den Text.

Praktisches Online-Tool für Ihre Keyword-Auswahl

Bevor Sie mit dem Texten beginnen, sollten Sie zuerst die treffendsten Keywords auswählen. Hilfe bietet hier ein wertvolles Google-Online-Tool: Der Google Keyword-Planer (als Google Keyword-Tool bekannt) unterstützt Sie dabei. Dieses Werkzeug ist selbsterklärend.

https://adwords.google.com/ko/KeywordPlanner/Home

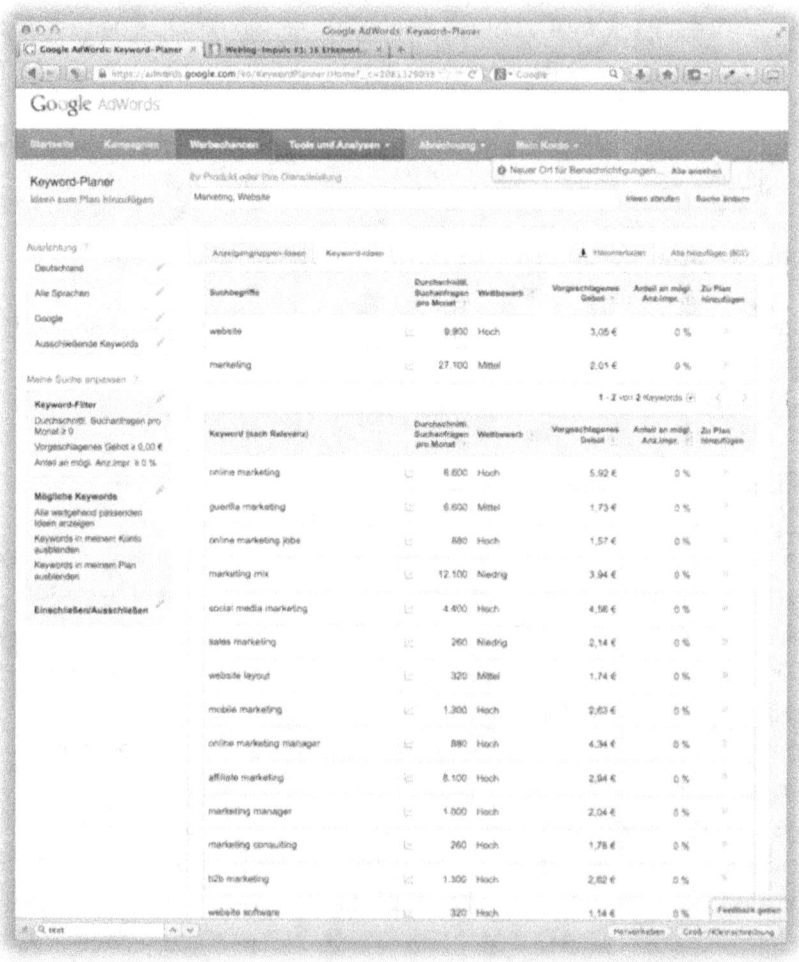

Es ist Bestandteil des Online-Werbeprogramms Google AdWords und kann auch genutzt werden, ohne Werbekunde von Google zu sein. Einen Zugang dazu erhalten Sie, wenn Sie einen gültigen Google-Account besitzen bzw. sich registrieren lassen.

Die Welt der Suchmaschinen besser verstehen

Mit dem Google Keyword-Planer gewinnen Sie wertvolle Einsichten in die Welt der Suchmaschinen. Unter anderem lassen sich damit folgende Fragen beantworten:

- Welche Keywords bezüglich meines Themas werden wirklich gesucht?
- Wie groß ist das Suchaufkommen eines konkreten Keywords pro Monat?
- Welche Synonyme oder ähnliche Begriffe suchen die Leser noch?
- Welche Keywords stehen auf welche Weise im Wettbewerb?
- Wie hoch sind die aktuellen Anzeigenpreise von Google AdWords?

Überlassen Sie Ihren Erfolg nicht dem Zufall. Finden Sie mit dem Keyword-Planer neue Ideen für Keywords und so die Basis für Ihre Texte. Analysieren Sie ebenfalls Ihre Mitbewerber und die Websites, die Sie auf Platz 1-20 der Suchmaschinenergebnisse finden.

- Welche Keywords verwenden diese Webseiten?
- Welche Synonyme oder ähnlichen Begriffe werden benutzt?
- Wie lang sind die Texte?
- Werden Überschriften, Zwischenüberschriften etc. verwendet?
- Welche Navigationsbegriffe werden eingesetzt?
- Wie sind die Webseiten intern verlinkt?

Was kann Google aus einer Webseite/Website herauslesen

- Überschrift des Textes/Artikels
- Das Datum der Veröffentlichung
- Das Datum der letzten Änderung
- Den Namen des Dokumentes
- Meta-Informationen für Titel und Beschreibung in SERPs
- Die Sprache der Webseite
- Die Sprachkodierung der Website
- Die Häufigkeit der verwendeten Wörter (ohne Füllworte)
- Das vorherrschende Thema – worum geht es in dem Text?
- Welche Information liefert die konkrete Webseite?
- Mit welchen Themen beschäftigt sich die gesamte Website?
- Wie oft wird der Artikel auf welcher Position angezeigt?
- Wie oft wird der Artikel von den Benutzern angeklickt und besucht?
- Wie schnell kehren die Benutzer nach dem Besuch zur Suchmaschine zurück?
- Wie lange verbleibt der Besucher durchschnittlich auf einer Domain?
- Wie viele Seiten ruft der Besucher dabei auf?

- Wie groß ist die dabei übertragene Datenmenge?
- Welche Größe hat die aufzurufende Webseite?
- Wie schnell kann diese geladen werden?
- Auf welchem Server im Internet wird die Website gehostet?
- Wo steht dieser Server?
- Wie viele Einzelbestandteile hat die Website?
- Welche Information liefern die Grafiken, Fotos, verlinkten Dokumente?
- Welche Webseiten werden verlinkt?
- Welche Linktexte werden dabei verwendet?
- Wie viele Links zeigen im Internet auf die aufzurufende Webseite?
- Welche Wichtigkeit hat die Website (PageRank)?
- Wie lange gibt es die Website schon?
- Wie oft werden neue Informationen veröffentlicht?
- Wie gut werden die Informationen gepflegt, Fehler bereinigt?
- Welche Fehler (fehlerhafte Links etc.) enthält die Website?
- Wie gut ist die Webseite in der Website intern verlinkt?
- Wie viele Klicks braucht ein Besucher, um die Webseite zu erreichen?
- Welche Dateien sind auf der Site (kurz-, langfristig) nicht erreichbar?

- Wie heißt der Eigentümer der Domain?

- Wo wohnt/arbeitet der Anbieter (geografisch)?

- Wer betreut die Domain technisch?

Sie merken, wie weit Ihre Website „gläsern" ist. Kein Wunder, dass Analysetools viel erkennen – auch von Dingen, die Ihnen gar nicht bewusst sind.

 Testen Sie Ihre Website

Welche Erkenntnisse haben ich gewonnen? Welche neuen Fragen sind dadurch aufgetaucht?

> Wie hart ist der Wettbewerb in der Suchmaschine in Bezug auf Ihr Thema (Trefferanzahl)?

> Welche Schreibweise Ihres Keywords bringt bessere Ergebnisse?

Optimierung der Ladezeiten

Alle Elemente einer Website lassen sich in bestimmten Grenzen optimieren. Das gilt für Fotos, Grafiken, Dokumente, Audio, Video und Navigationselemente. Nutzen Sie diese Möglichkeiten: Denn jede einzelne verlinkte Datei bedeutet einen separaten Serverzugriff und braucht Ladezeit. Der Größe aller Elemente im Gesamten kommt also besondere Bedeutung zu.

Optimierung von Fotos und Grafiken

Optimieren Sie Fotos und Grafiken in Bezug auf Ladezeit (Dateigröße). Auf einem PC-Bildschirm können nur 72 dpi Pixeldichte (dpi = dot per inch) eines Bildes angezeigt werden. Hochauflösende Bilder sind auf Websites daher unnötig und erhöhen lediglich die Ladezeit. Reduzieren Sie deshalb die Pixeldichte, d. h. die Auflösung. 72 dpi sind genug. Ausnahme sind z. B. Pressebilder zum Download. Durch eine höhere Auflösung wird die Darstellung nicht besser.

Google kann reine Fotos und Grafiken nicht auswerten und braucht dafür Zusatzinformationen, d. h. einen Bildnamen, eine Bildbeschreibung sowie beschreibende Schlagwörter. Denken Sie dabei an Ihre Keywords.

Verwenden Sie als Bildbezeichnung z. B.:
burnout-beratung-koeln.jpg

statt nur nichtssagend:
dsc1001.jpg.

Bieten Sie auf Ihrer Website Fotos und Grafiken als Thumbnails (Vorschaubilder). Diese verbrauchen aufgrund ihrer Größe kaum Speicherplatz. Große Bilder werden erst per Mausklick zusätzlich abgerufen. Die Ladezeit sinkt dadurch enorm. Reduzieren Sie in der Regel die Bildgröße Ihrer Dateien auf 800 x 600 Pixel. Und wie gesagt 72 dpi Auflösung reicht.

Bildinformationen sind wichtig

Verwenden Sie beim Einbau von Fotos und Grafiken erklärende Alt-Attribute (Informationen im Hintergrund/Quelltext der Website). Das erleichtert das Finden Ihrer Fotos/Grafiken in der Google-Bildersuche. Über diese Bildersuche ziehen Sie Besucher auf Ihre Seite, die Statistiken werden es Ihnen zeigen. Erhöhen Sie mit Bildunterschriften die Benutzerfreundlichkeit. Für die Barrierefreiheit sind Beschreibungen, Bildunterschriften und Stichworte für die Bilder unabdingbar. Für die Nutzung von Mobilgeräten ist es eventuell sinnvoll, Bilder in kleinerer, mediengerechter Auflösung anzubieten. Ein Tablett erhält dann genau die Daten, nach denen es verlangt. Dies kann von Ihrer Website automatisch gesteuert werden. Natürlich ist dazu vorab eine entsprechende Programmierung notwendig.

Hinweis: Denken Sie gerade bei der Verwendung von Bildern immer an die Urheberrechte. Der Fotograf, aber auch der Layouter der Grafik, sind Urheber und besitzen die Copyright-Rechte an der Abbildung. Eine auf einem Foto erkennbare Person hat das Recht am eigenen Bild. Informieren Sie sich hier einmal im Internet auch bezüglich „Model-Release". Mehr darüber im Kapitel Rechtliches.

Optimierung von PDF-Dateien für den Download

Viele wissen: Das PDF-Format (Portable Document Format) ist ein plattformunabhängiges Dateiformat für Dokumente. Es wurde von dem Unternehmen Adobe entwickelt, um Dokumente – egal in welchem Programm diese erstellt wurden – auf jedem Rechner darstellen zu können. Was weit weniger Nutzer wissen: In jeder PDF-Datei können gleichzeitig gezielt Meta-Informationen platziert werden. Suchmaschinen wie Google lesen die PDF-Dateien und nehmen diese wie HTML-Dateien in ihre Suchergebnislisten auf. Ein kleines PDF vor dem Eintrag in der Ergebnisliste zeigt an, dass es sich um eine PDF-Datei handelt. Stellen Sie Downloads auf Ihrer Website u. a. deshalb zusätzlich im PDF-Format bereit. Achten Sie auch hier wieder darauf, im Dateinamen möglichst (Meta-)Informationen zu Autor, Titel und Thema unterzubringen. Mit der Vollversion von Adobe Acrobat ist das z. B. komfortabel möglich. Schützen Sie Ihre PDF-Dateien gegen Missbrauch bzw. sperren Sie Bearbeitungsfunktionen. Denken Sie an ein geringes Datenvolumen Ihrer PDFs um den Download zu beschleunigen, ohne dass die Bildqualität zu stark leidet..

Optimierung für eine benutzerfreundliche Navigation

Das A und O für Benutzerfreundlichkeit ist eine klare Navigation. Beachten Sie dazu folgende Regel: Die Leistungsfähigkeit des menschlichen

Kurzzeitgedächtnisses ist genetisch festgeschrieben und kann nicht trainiert werden. Man kann sich gleichzeitig nur an 5 - 9 Informationseinheiten erinnern. Das entspricht der Regel „7 plus minus 2" des Psychologen George A. Miller. Machen Sie gleich einmal einen Test:

Versuchen Sie einmal, sich 12 Zahlen oder Begriffe zu merken!

Das gelingt Ihnen mit großer Wahrscheinlichkeit nicht! Die Schlussfolgerung für die Navigation lautet: Verwenden Sie auf Ihrer Website am besten nur zwischen 5 und 7 Navigationspunkte (die Sie dann natürlich wieder in 5-7 Unterpunkte gliedern können). Damit überfordern Sie niemanden und die Navigation wird übersichtlich. Auch die Suchmaschine liebt eine aufgeräumte Navigationsstruktur bzw. Sitemap. Als Sitemap wird der hierarische Überblick über alle vorhandene Einzeldokumente bezeichnet.

Vermeiden Sie Irritationen durch klare Kommunikation

Der Mensch ist ein Gewohnheitstier. Hat er erst einmal verinnerlicht, bestimmte Dinge an einem bestimmten Ort zu erwarten, dann wird er immer dort suchen. Nicht anders verhält es sich im Internet. Dort haben sich Quasi-Standards für die Navigation herausgebildet. Dazu gehören Standard-Menüpunkte wie „Suche", „Kontakt", „Impressum". Vermeiden Sie ausgefallene und nichtssagende Wortschöpfungen wie „Ein kleiner Vorgeschmack" statt „Über uns" oder eine ungewohnte Anordnung.

Wichtig: Jeder Menüpunkt ist zugleich ein mögliches Keyword. Geben Sie Ihrer Navigation deshalb unbedingt sinnvolle Namen (Labels). Jeder Navigationspunkt ist dabei wie ein Versprechen an den Leser, Inhalt zum Thema zu finden.

Wichtige Impulse auf einen Blick

Der **Titel eines Artikels** hat für die Suchmaschinen große Bedeutung. Schreiben Sie ihn kurz, prägnant, aussagefähig, informativ sowie keywordreich. Der Titel wird am besten mit H1-Tag (Hauptüberschrift) in der HTML-Seite ausgezeichnet.

Überschriften in den Texten erleichtern die Orientierung und schaffen eine verständliche Struktur beim Lesen. Sie werden ähnlich dem Titel mit H2-H6-Tags hierarchisch für die Suchmaschinen ausgezeichnet.

Meta-Title und Meta-Description sind wichtige Metainformationen für die Suchmaschinen. Der Meta-Title ist ein wichtiger Optimierungsparameter und enthält i. d. R. den Titel des Artikels bzw. dessen leichte Abwandlung. Meta-Title und Meta-Description sollten über das gesamte Projekt **einzigartig** sein.

Keywords sollten, wenn möglich, bei einer Webseite mehrfach auftauchen: im Titel der Seite, im Text, im Meta-Title, in der Meta-Description, im Dateinamen (URL), in den Zwischenüberschriften/Auszeichnungen, in den Dateinamen der Fotos, Grafiken, in Dateien wie Audiodateien, Videos, PDFs, in den Meta-Daten der Dokumente und in der Webseiten-Navigation.

Gute Textoptimierung berücksichtigt Mensch UND Maschine. Leider geht sie schnell zu Lasten der Lesbarkeit. Formulieren Sie Ihre Texte deshalb trotz der regelmäßig wiederkehrenden Keywords klar und verständlich. Achten Sie bei den Keywords auch auf unterschiedliche Schreibweisen und auf Begriffe aus dem semantischen (inhaltlich ähnlichen) Umfeld.

Eine Keyword-Dichte von 2-4% im Text ist optimal. Zuviele Keywords werden von den Suchmaschinen als unfaire Manipulation gewertet. Immer mehr Prüfverfahren sind deshalb mittlerweile in der Lage, den Missbrauch von Schlüsselwörtern auch im themenverwandten Umfeld der Keywords aufzudecken. Natürliche Texte leben von sinnvollen inhaltlichen Zusammenhängen. Das spiegeln auch die Keywords wieder. Sie sind ein Geflecht aus Synonymen und verwandten Wörtern, bringen Abwechslung in das gesamte Thema und unterstreichen es.

Mit dem **Google Keyword-Planer** gewinnen Sie einzigartige Einsichten in die Welt der Suchmaschinen und beantworten sich viele Fragen zur Optimierung der Website. Finden Sie auf diesem Wege auch neue Ideen für Texte und Keywords.

Optimieren Sie **eingebundene Dateien** der Website hinsichtlich Namen, Ladezeit, Größe, Einbindung in den Website- und Meta-Daten.

Verwenden Sie eine **benutzerfreundliche Navigation.** Sorgsam getextete Navigationsbezeichner sind ebenso wichtig wie eine benutzerfreundliche Anzahl (zwischen 5 und 7) an Menüelementen. Vermeiden Sie Irritationen Ihrer Besucher.

Erfolgsfaktor 6:
Verlinkung und externe Suchmaschinenoptimierung

Gesamtes Optimierungspotenzial nutzen

Nicht nur onpage sondern genauso offpage besteht Optimierungspotenzial. Offpage heißt, dass nicht die eigene Website bzw. die eigene Websiteinstallation an sich optimiert werden muss. Eine der wichtigsten offpage Optimierungsmöglichkeiten betrifft die Verlinkung.

> *Verlinkung ist im Internet das Salz in der Suppe.*
> *Verlinkungen entscheiden über den Wert eines Webauftrittes.*

Eine erfolgreiche Website benötigt dabei sowohl eine funktionale interne Verlinkung (die eigenen Domainseiten werden untereinander verlinkt) als auch eine effektive externe Verlinkung (Ihre Seiten verlinken auf interessante Beiträgen anderer Webseiten). Da jede Webseite, jeder Beitrag eine eindeutige, unverwechselbare Adresse im weltweiten Netz besitzt, die sogenannte URL (Uniform Resource Locator), ist Verlinken einfach. Ideal ist es, wenn andere Internetnutzer Ihre Inhalte so interessant finden, dass sie mit einem eigenen LINK dorthin verweisen, also einen Backlink setzen. Eine URL (engl.: Uniform Resource Locator) wird auch als Internetadresse bzw. Webadresse bezeichnet. Man meint damit die Startseite einer Website bzw. eine ihrer Verzeichnisse oder Dateien. Die URL verrät einiges: Durch den Zusatz „http", erkennt der Rechner, dass er den Pfad im Internet suchen soll; das Kürzel „ftp" zeigt an, dass die Daten auf einem anderen Rechner gespeichert sind. So können Sie computerübergreifend auf Daten zugreifen. Eine URL gibt aber auch Auskunft über den Ort der gesammelten Daten – selbst dann, wenn sich der Inhalt der gesuchten Seite immer wieder verändert – wie z. B. beim Wetterbericht.

Sprechende URLs erleichtern das Verständnis

Im Kopf jedes Browserfensters wird die URL dargestellt. Diese Adresszeile zeigt an, auf welcher Seite des Internets sich der Leser gerade bewegt.

Verständliche URLs sehen nicht nur gut aus, sondern sind zugleich eine wichtige Orientierungshilfe. Vergeben Sie deshalb möglichst aussagekräftige Namen für Ihre URLs. Vermeiden Sie Sonderzeichen, Symbole und Zahlen. Ersetzen Sie die Umlaute ä, ö, ü durch „ae", „oe" und „ue" sowie Unterstriche zur Trennung von Wörtern durch Bindestriche.

Kurze URLs vermeiden Fehler

Eine URL sollte so kurz wie möglich sein. Denken Sie auch daran, dass URLs in Newslettern und E-Mails manchmal weitergegeben werden müssen. Zudem werden URLs ab ca. 70 Zeichen in Googles Suchergebnissen abgeschnitten und nicht vollständig angezeigt.

Setzen Sie Links mit Bedacht

Durch die Verlinkung einer Website entsteht ein riesiger, virtueller Informationspool. Setzen Sie Querverweise zwischen den Webseiten mit Bedacht und in einem ausgewogenen Verhältnis. Links mitten im Text unterbrechen sehr schnell den Lesefluss. Ungeübte Besucher finden dann schwer zu der Ausgangsseite zurück. Das gilt im besonderen Maße für externe Links. Verwenden Sie Links im Text gezielt, aber sparsam. Jeder Link ist stets ein Versprechen, den angekündigten Inhalt tatsächlich zu finden. Formulieren Sie deshalb Linkbegriffe und kurze Linktexte, durch die der Leser knapp, passend und informativ auf das Thema neugierig gemacht wird.

Statt:
Den PDF-Download finden Sie hier.

Besser:
Lesen Sie weiter im Download:
Checkliste einer erfolgreichen Website (PDF, 123kb)

Sie können wählen, ob der Link in einem neuen Fenster geöffnet werden soll. Dann bleibt die Ausgangsseite weiterhin dargestellt. Das hat Vor- und Nachteile. Der Vorteil: Der Besucher findet einfacher zurück auf Ihre Seite.

Der Nachteil: Es wird unübersichtlicher und der Besucher fühlt sich eventuell gegängelt, auf Ihrer Seite bleiben zu müssen.Geben Sie, wenn möglich, jedem gesetzten Link zusätzlich ein Title-Attribut. Es wird im Quelltext platziert und ist eine zusätzliche Information für den Leser, die erscheint, sobald er mit der Maus länger auf einem Link verweilt. Sie gibt genaueren Aufschluss darüber, wohin der Link führt. Auch bei Bildern und Grafiken, die Sie ins Internet stellen, ist ein Title-Attribut sinnvoll.

Sorgen Sie dafür, dass Ihr Besucher die Website in Ruhe und weitgehend ohne Unterbrechung lesen kann. Weiterführende Artikel und Download-Dokumente platzieren Sie deshalb besser am Ende eines Beitrags, um den Leser auf der Website zu halten. Bündeln Sie weiterführende externe Links am Ende des Artikels oder bieten Sie eine Informationsbox an. Das gilt auch für Zitatquellen, die den Lesern die Möglichkeit geben, weiter zu recherchieren.

 **Tipp:**

Machen Sie externe Links besonders kenntlich, beispielsweise durch ein gut erkennbares Symbol. So erkennt der Leser vorab, dass er Ihre Seite beim Anklicken verlassen wird. Bei Downloads ist die Angabe der Größe und des Formates der Datei eine wertvolle Hilfe.

Links sind die Währung des Internets

Externe Links sind im Internet bares Geld wert. Googles gesamter Suchmaschinen-Algorithmus gründet sich bis heute auf den Erkenntnissen von Larry Page und Sergej Brin zur Bewertung von Webseiten. Und auch wenn Google uns heute etwas anders glauben lassen will: Der PageRank lebt. Der Wert der Website wird auf einer logarithmischen Skala von 0 bis 10 abgebildet. Ein Link ist umso wertiger, je höher das Google-Ranking ist. 1-2 wenig, 3-4 gut, 5-6 sehr gut, 7+ hervorragend. Der PageRank sollte aber auch nicht überbewertet werden. Er ist nur ein Parameter im gesamten Suchmaschinen-Algorithmus.

Der **PageRank-Algorithmus** ist ein Verfahren, das vereinfacht ausgedrückt, die Linkpopularität und Struktur einer Seite bewertet. Dazu wird jedem Element ein Gewicht aufgrund seiner Verlinkungsstruktur zugeordnet (der sog. PageRank).

*Das **Grundprinzip** lautet: Je mehr Links auf eine Seite verweisen, umso höher ist das Gewicht dieser Seite. Je höher das Gewicht der verweisenden Seiten ist, desto größer ist der Effekt. Das Ziel des Verfahrens ist es, die Links dem Gewicht entsprechend zu sortieren, um so eine Ergebnisreihenfolge bei einer Suchabfrage herzustellen, d. h. Links zu wichtigeren Seiten weiter vorne in der Ergebnisliste anzuzeigen.*
Quelle: Wikipedia

Gute, werthaltige Webseiten werden im Internet gerne und häufig verlinkt – jede trägt dadurch zur Gesamtvernetzung bei. Durch ihre Links helfen sich Benutzer gegenseitig dabei, gute Webseiten zu finden. Backlinks werden jene Links genannt, die von AUSSEN auf Ihre Seite verlinken, und zwar NACHDEM Sie selbst diese Website vorher verlinkt haben. Wertvoller sind jedoch einseitige externe Links auf Ihre Seite (ohne Backlink). Webseiten mit vielen Links werden besser in den Suchmaschinen gerankt, sofern die Texte gleich relevant sind.

Webkataloge, Directories und Linkverzeichnisse

Über den Nutzen eines Eintrags in Verzeichnisse bestehen unterschiedliche Ansichten. Manche raten „unbedingt", andere sagen „lohnt den Aufwand nicht".

Wir empfehlen: Tragen Sie sich besser in die wenigen Webverzeichnisse ein, die für Ihre Zielgruppe und Nutzer Sinn machen. Nicht schlecht sind auch die Verzeichnisse der Gemeinde, der Region, der regionalen Berufsverbände (IHK, Handwerkskammer etc.) und einige wichtige

Verzeichnisse wie *www. Dmoz.org* ein. Dann passt der Aufwand zur eventuellen Wirkung. Machen Sie sich aber nicht die Mühe, sich in viele Verzeichnisse einzutragen. Manche dieser Verzeichnisse sind zudem kostenpflichtig und manche nur zum „Geschäftemachen" für den Betreiber eingerichtet. Diese Betreiber hoffen: Jeden Morgen steht ein Dummer auf. Aktuelle Informationen darüber finden Sie, wenn Sie „Webkataloge und Linkverzeichnisse" googeln oder sich beraten lassen.

Bedenken Sie, dass der unmittelbare Einfluss eines Links sich nicht sofort auszahlt. Was ein Link wirklich wert ist, erweist sich mit der Zeit. Google bewertet dabei die sogenannte natürliche Verlinkung besser als eine künstlich erzeugte.

Was kennzeichnet eine natürliche Verlinkung?

- Harmonisches Linkwachstum über die Zeit.
- Die Links weisen nicht nur auf die Startseite sondern auch auf Unterseiten.
- Links nutzen verschiedenste Linktexte.
- Links kommen aus verschiedenen Ländern.
- Links kommen von unterschiedlichen Rechner-Netzwerken (IP-Adressen).
- Links haben unterschiedliche PageRanks.

Optimierung der internen Verlinkung

Die interne Verlinkung einer Website führt den Leser i. d. R. mit wenigen Klicks zu seinem Ziel. Hilfreich ist in diesem Zusammenhang die More-Text-Funktion. Dabei wird der Artikel zunächst nur verkürzt angerissen. Mit dem Klick auf den Link weiterlesen erscheint der ganze Artikel. Sie kennen das z. B. von den Nachrichtenportalen wie Spiegel Online. Der erste Teil des Artikels ist damit der Teaser, der das Lesen des gesamten Artikels schmackhaft machen möchte.

Vorsicht vor Linkkauf

„Findige Köpfe" haben rasch den Verkauf der Internetwährung Links für sich entdeckt. Massive künstliche Verlinkung hat den Wettbewerb um die besten Suchmaschinenpositionen erschwert und angeheizt. Linkkäufe werden durch Google immer schneller erkannt und abgestraft. Setzen Sie auf natürliche Verlinkung. Diese ist dadurch gekennzeichnet, dass sie harmonisch wächst und die Wertigkeit der einzelnen Links durch eine Pyramide gekennzeichnet wird; wenige gute Links, einige mittelgute und als Basis viele weniger wertige Links. Die Wertigkeit richtet sich dabei nach dem PageRank der verlinkten Seite.

Linktausch – Linkbuilding

Der Linktausch zwischen Internetbetreibern ist eine gute Möglichkeit, Linkpartner zu finden und eine harmonische Linkstruktur zu entwickeln. Der Tausch von thematisch passenden Links steht dabei hoch im Kurs. Geben kommt auch hier vor Nehmen. Doch auch dabei ist Vorsicht geboten, denn Links können auf vielfältige Weise wertlos (im Sinne der Suchmaschine) gemacht werden. Beispielsweise durch das von Google 2005 eingeführte Nofollow-Attribut bei Links. Es handelt sich dabei um eine Anweisung im HTML-Code. Suchmaschinen werden dadurch veranlasst, Rückverweise nicht zur Berechnung der Linkpopularität heranzuziehen. Aber auch durch Weiterleitungen der Linkbenutzer (das Umlenken auf andere Websites) wird ein Link wertlos.

Um einen wertvollen von einem wertlosen Link zu unterscheiden, braucht man heutzutage jedenfalls einige HTML-Fachkenntnisse.

Wie können Sie Linkpartner finden?

Suchen Sie nach Ihren Keywords. Und listen Sie die Seiten auf, die besser als Sie gelistet sind. Nun heißt es, einfach zum Telefonhörer zu greifen. Das ist oft besser, als nur ein Mail zu schreiben. Hilfreich kann es sein, bereits in

Vorleistung zu treten und auf die andere Seite zu verlinken. Für den Backlink stellen Sie optional den fertigen HTML-Code zum Verlinken bereit. In diesem HTML-Schnippsel sind schon die passenden Meta-Informationen enthalten (z. B. Küchen Karle": „Der Küchenspezialist in Kaufbeuren").

Intelligenter Website-Aufbau mit einem Blogsystem

Ein Weblog oder auch Blog genannt ähnelt in seiner Struktur einem Tagebuch oder einem Journal und kann auf der eigenen Website integriert werden. Ohne die Navigationsstruktur (die Navigation führt im Allgemeinen zu statischen Seiten, d. h. zu Beiträgen, die nicht häufig geändert werden) zu verwässern, können Sie damit in kurzer Zeit sehr viel Inhalt publizieren. Mit einem Weblog-System lassen sich daher auf einfache und strategisch sinnvolle Weise eine Vielzahl von Backlinks generieren. Ihre Website bekommt also durch aktuelle Veröffentlichungen mehr Gewicht. Doch auch hier steht zunächst der Fleiß vor dem Erfolg. Regelmäßige Veröffentlichungen bieten die beste Voraussetzung für harmonisches Wachstum.

Übersichtsseiten zur raschen Orientierung

Gute Übersichtsseiten helfen dem Leser bei der raschen Orientierung. Versandhäuser nutzen dieses Prinzip schon lange. Wird z. B. in der Navigation der Begriff „Kleidung" angesteuert, bietet ein Unterverzeichnis sofort verschiedene Kategorien an – „Kinderkleidung", „Damenkleidung" usw. Auch wenn Sie weit weniger Vielfalt als ein Versandhaus anbieten – verwenden Sie trotzdem gut strukturierte Übersichtsseiten mit aussagekräftigen Kategorien. Lassen Sie Ihre Leser nicht lange nach den besten (meistgelesenen) Artikeln oder den Downloadangeboten suchen. Eine Artikelserie kann am Ende jedes Beitrages z. B. per Link auf thematisch ergänzende Seiten hinweisen.

Aufmerksamkeit durch Abbildungen erzielen

Ein Bild sagt mehr als 1000 Worte. Unterstützen Sie durch geeignete Grafiken, Darstellungen und Fotos die Wirkung Ihrer Texte. Abbildungen sind typische „Hingucker" und lenken die Wahrnehmung gezielt. Nutzen Sie deshalb markante und gut erkennbare Motive. Ausschnittsfotos sind meist auffälliger. So sind Gesichter in Nahaufnahme sind internetgerechter als Teamfotos mit Köpfen in Stecknadelkopfgröße. Vermeiden Sie wenn möglich, dass sich die Farben der Abbildungen mit den verwendeten Farben des Layouts „beißen". Oft ist es besser, gezielt mit nur wenigen oder neutralen Farben zu arbeiten – damit bleibt die Farbharmonie der Gesamtseite stimmig. Haben Sie keine Angst vor grau in allen Abstufungen, grau lässt die Buntfarben besser hervortreten!

Sprechen Sie alle Sinne an

Audio- und Videodateien u. ä. eignen sich hervorragend für die Integration in die Website. Spätestens seit den Erfolgen von „Youtube" gewinnen diese Möglichkeiten immer mehr an Bedeutung. Dabei ist es oft sinnvoll, diese Dateien auf einer externen Plattform einzustellen (z. B. Youtube). Ihre Webseite „zieht" die Daten dann von dieser Platform. Das spart Ihnen zum einen die Konvertierung der Formate, Speicherplatz und die Internetbandbreite beim Download. Denn bereits ein einziges Video, millionenhaft heruntergeladen, kann schnell Ihren Webhosting-Tarif sprengen.

Wichtige Impulse auf einen Blick

Eine Website ohne **Links** bleibt eine Einbahnstraße. Eine gute externe wie interne Verlinkung trägt maßgeblich zum Weberfolg bei. Jeder Link (Linktext) ist auch ein Versprechen, den Inhalt des ausgewiesenen Linktextes zu finden.

Kurze, verständliche **Website-URLs** vermeiden Fehler und sind leichter zu kommunizieren. Stellen Sie Ihr CMS so ein, dass die URL-Struktur „sprechend" also verständlich ist.

Links sind die Währung des Internets. Externe Links sind im Internet bares Geld wert. Gute, werthaltige Webseiten werden im Internet gern und häufig freizügig verlinkt.

Bauen Sie mit Hilfe eines **Weblog-Systems (CMS)** auf intelligente Weise Links zu Ihrer Website auf. Ihre Website bekommt durch aktuelle, regelmäßige Veröffentlichungen mehr Gewicht.

Die **interne Verlinkung** einer Website führt den Leser mit wenigen Klicks zu seinem Ziel. Große Bilder und Detailinformationen gehören in die Artikel, an das Ende der Informationskette. Durch eine konsequente Aufteilung der Informationsmengen unterstützen Sie diese Struktur.

Ein Bild sagt mehr als 1000 Worte. Grafiken, Darstellungen und Fotos verstärken die Botschaften. Die Größe von Grafiken, Fotos und anderen Elementen steuert auf der Internetseite die Wahrnehmung des Lesers.

Gesichter in Nahaufnahme sind internetgerechter als **Teamfotos** mit Köpfen in Stecknadelkopfgröße. Vermeiden Sie wenn möglich, dass sich die **Farben** der Abbildungen mit den verwendeten Farben des Layouts „beißen".

Erfolgsfaktor 7:
Systematische Optimierung und Weiterentwicklung

Eine Weiterentwicklung der Website ohne Instrumente gleicht einem Blindflug

Jede Verbesserung eines Internetprojektes benötigt ihre speziellen Analysen, Instrumente und Tools. Hier haben Sie schon im vorherigen Kapitel bei den Vorüberlegungen einiges erfahren. Dieses sogenannte Monitoring sollte bereits vor der Optimierung erfolgen. Nur wer weiß, wo er steht, kann zu seinem Ziel navigieren. Und während des Optimierungsprozesses ist Monitoring notwendig, um zu erkennen, ob man auf dem richtigem Kurs ist.

Stellen Sie sich immer wieder folgende Fragen:

- Stimmen die aktuellen Ergebnisse mit den Projektzielen überein?
- In welchen Bereichen konnten schon gute Ergebnisse erreicht werden?
- Was funktioniert bereits sehr gut?
- Was funktioniert unzureichend oder gar nicht?
- Welchen fachlichen Input oder welches Feedback benötige ich zur Entscheidung?
- Welche Ergebnisse sollten als nächstes Nahziel anvisiert werden?
- Wer kann mir durch Zuarbeiten bei der Umsetzung helfen?
- Mit welchen konkreten, aufeinander folgenden Schritten kann ich das umsetzen?

Es sind immer wieder die gleichen Optimierungsschritte:

1. Analysieren Sie Ihre Website-Benutzung
2. Analysieren Sie die Website-Ladezeiten
3. Analysieren Sie den Aufbau Ihres Website-Quellcodes
4. Analysieren Sie Ihre Mitbewerber

Behalten Sie bei der Entwicklung Ihres Projektes stets den Überblick – strategisch, inhaltlich und nicht zuletzt auch wirtschaftlich. Setzen Sie sich realistisch erreichbare Ziele und bedenken Sie für jeden der Einzelschritte den jeweilig notwendigen Aufwand. Erstellen Sie sich zu Beginn eines jeden Jahres einen Plan als Orientierungshilfe. Nutzen Sie die Kompetenz von Mitarbeitern, Kooperationspartnern und Fachexperten bei dessen Erstellung. Alle Verantwortlichen zu diesem Zweck an einem Tisch zu versammeln hat sich in der Praxis sowohl zeitlich als auch inhaltlich als sehr konstruktiv und ergebnisorientiert bewährt.

Website-Optimierung mit den Google Webmaster-Tools

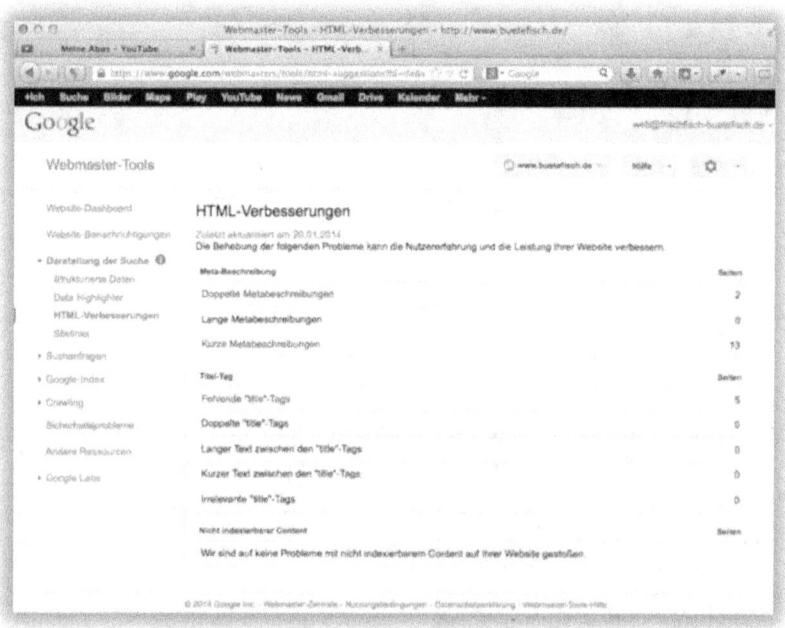

Ein wertvolles Tool bei der Optimierung und Weiterentwicklung einer Website sind die von Google kostenfrei verfügbaren Webmaster-Tools. Eine Vielzahl von Statistiken stehen über diese Tools zu Verfügung. Ebenso hilfreich sind Vorschläge zur Verbesserung des HTML-Quellcodes.

https://www.google.com/webmasters/tools/

Diese Tools richten sich in erster Linie an technisch versierte Webmaster und erfordern einige Fachkenntnisse bei deren Interpretation und Umsetzung. Nicht alle vorgeschlagenen Maßnahmen mögen sofort in Ihrem Projekt umsetzbar sein, sei es, dass Ihr CMS keinen Zugang zu den erwähnten Funktionen bietet oder aber Ihr Projekt noch nicht auf deren Unterstützung eingestellt ist.

Ungeachtet dessen sind die Webmaster-Tools ein wertvolles Hilfsmittel, das bei einer Zusammenarbeit mit dem Statistik-Tool Google Analytics wissenswerte Einblicke in das Verhalten Ihrer Website-Benutzer gewährt (z. B. Besucherzahl, beliebteste Seiten, Aufenthaltsdauer …).

Wichtige Impulse auf einen Blick

Jede **Verbesserung** eines Internetprojektes benötigt Analysen, Instrumente und Tools.

Bearbeiten Sie wiederholt folgende **Aufgaben**:
> Analysieren Sie Ihre Website-Benutzung
> Analysieren Sie die Website-Ladezeiten
> Analysieren Sie den Aufbau Ihres Website-Quellcodes
> Analysieren Sie Ihre Mitbewerber

Behalten Sie bei der **Entwicklung Ihres Projektes** stets den Überblick – strategisch, inhaltlich und wirtschaftlich.

Mit Hilfe der **Webmaster-Tools** von Google können technisch versierte Anwender hilfreiche Auswertungen und Hinweise zur Optimierung ihrer Website-Projekte erhalten. Als Basis für eine weiterführende Optimierung sollten diese Tools unbedingt eingebunden werden.

Rechtliches

Vermeiden Sie Probleme

Wer im Internet unterwegs ist, bewegt sich nicht in einer rechtefreien virtuellen Welt – weder als reiner Nutzer noch weniger als Betreiber oder Verantwortlicher einer eigenen Seite.

Folgende Dinge sollten Sie unbedingt wissen und beachten. Halten Sie sich immer auf dem Laufenden, was die rechtlichen Rahmenbedingungen des Internets angeht. Reagieren Sie promt und schalten Sie schnell einen Rechtsanwalt ein, falls es rechtliche Probleme geben sollte. An dieser Stelle nochmal der Hinweis. Diese Informationen können und werden sich verändern. Wir übernehmen keine Haftung für die Richtigkeit der folgenden Informationen.

Impressum

Ein Impressum ist notwendig und muss sichtlich erkennbar sein. Das gleiche gilt für die Datenschutzerklärung! Im Teledienstgesetz (§6 TDG) heißt es, dass jede geschäftsmäßige Seite bestimmte Informationen bereitstellen muss. Der Begriff „geschäftsmäßig" wird jedoch nicht klar erläutert. Eindeutig ist nur, das darunter Firmen- oder sonstige gewerblich genutzte Seiten fallen. Da aber außerdem von „nachhaltig angelegten Seiten" die Rede ist, betreffen diese Anforderungen eigentlich alle Seiten. Ein Impressum muss einen volljährigen Verantwortlichen sowie eine Kontaktadresse beinhalten. Ein Link kann im Rechtsfall als nicht ausreichend gewertet werden. Es darf nur ein Verantwortlicher genannt werden, damit im Streitfall für Eindeutigkeit gesorgt ist. Greifen Sie grundsätzlich auf gängige Bezeichnungen zurück wie Impressum, Kontakt oder Anbieterkennzeichen. Für gewerbliche Internetseiten müssen zusätzlich noch eine Reihe anderer Angaben gemacht werden:

- Verantwortlicher + elektronische Kontaktadresse
- ein Vertretungsberechtigter

- die Umsatzsteuer-Identifikationsnummer
- Register und Registriernummer
- Aufsichtsbehörde + Kontaktadresse
- die allgemeinen Geschäftsbedingungen (druckbar)

Das Impressum muss unmittelbar erreichbar sein. Dies bestätigt eine Entscheidung des Oberlandesgerichts München (Az. 29 U 4564/03). Kann der Link beispielsweise nur durch langes Scrollen erreicht werden, genügt das nicht den Bestimmungen im Teledienstgesetz. Das Impressum muss mit Hilfe von 2 Mausklicks erreichbar sein, egal ob der User auf der Startseite, der Linksammlung oder im Gästebuch ist. Dies entschied das OLG München (OLG München, Urteil vom 11.09.2003, Az: 29 U 268/03).

Sie vermeiden Schwierigkeiten, wenn Sie auf jeder Seite einen entsprechenden Link zum Impressum anbringen.

Haftungsausschluss/Disclaimer (Datenschutzerklärung)

Auf einen aktuellen für Ihre speziellen Bedürfnisse angepassten Disclaimer sollten Sie nicht verzichten. Mit dem Disclaimer „regeln" Sie wichtige rechtliche Fragen. Denn die Informationen, Daten oder Bilder, die Sie auf Ihrer Homepage veröffentlichen, werden vom Gesetzgeber als Inhalte gewertet, die Sie sich zu eigen machen. Das gilt auch für die Inhalte verlinkter Seiten. Sie machen sich die Inhalte und Gestaltungsarten anderer Seiten zu eigen, insofern Sie Ihren Usern den direkten Zugang zu diesen per Hyperlink ermöglichen. Die Rechtslage ist hier strittig. Wer also sicher gehen möchte, sollte eine Linksetzung nicht als bloßes „Türöffnen" begreifen. Die durch den Link zugänglich gemachten Informationen haben Sie mit zu verantworten. Deshalb dazu gleich mehr.

Verlinkung

Prinzipiell dürfen Sie zu jeder Seite einen Link auf Ihrer Homepage bereitstellen. Sie müssen nicht vorher den Betreiber um Erlaubnis fragen, denn das bloße Setzen eines Hyperlinks verletzt noch nicht automatisch das

Vervielfältigungsrecht an einem Werk (UrhG §16 Abs.1). Doch entgegengesetzt reicht eine kurze E-Mail aus, um Ihnen dieses Recht zu entziehen. Möchte ein anderer nicht von Ihrer Seite aus erreichbar sein und teilt Ihnen dies schriftlich mit, so sollten Sie schnellstmöglich diesen Link entfernen. Der Gesetzgeber geht zunächst von einer stillschweigenden Erlaubnis aus, wird diese jedoch förmlich entzogen, so anerkennt dies das Gericht. Es wird nicht von Ihnen verlangt, dass Sie den Link täglich auf Korrektheit überprüfen, wohl aber, dass Sie diesen schnellstmöglich entfernen, wenn es zu einer Gesetzeswidrigkeit kommt.

Programmieren Sie Ihre Links so, dass sich automatisch ein neues Fenster öffnet – im Ernstfall wird das vom Gericht in der Regel als klar ersichtliches Verlassen Ihrer Seite gewertet. Sonst machen Sie sich diese Inhalte nach Auffassung einiger Gerichte zu eigen, verletzen damit den Urheberschutz oder haften für den Inhalt.

Die einfache Distanzierung von verlinkten Seiten ist nicht nur paradox, sondern auch rechtlich umstritten. Schließlich ist es widersprüchlich, wenn Sie eine Seite empfehlen und gleichzeitig von dieser Abstand nehmen. Rechtlich umstritten ist diese Methode auch, weil dadurch letztlich auch auf kriminelle Seiten straffrei verlinkt werden könnte. So reicht eine bloße Distanzierung von diesen beleidigenden Aussagen und illegaler Inhalte nicht aus.

 So ersparen Sie sich Ärger:

Sobald Sie Kenntnis von einer Rechtswidrigkeit genommen haben, sollten Sie die Beanstandungen entfernen.

Haftung

Erteilen Sie Ratschläge, so beachten Sie, dass man Sie dafür verantwortlich machen kann. Dies gilt nicht nur bei Gesundheitsthemen, sondern auch für Koch-, Freizeit-, Sporttipps. Weisen Sie darauf hin, dass Sie keine Garantie für Korrektheit und Vollständigkeit der angebotenen Informationen übernehmen – ein geeigneter Platz ist hier das Impressum.

Beachten Sie den Kinder- und Jugendschutz!

Ermöglichen Sie Kindern oder Jugendlichen keinen Zugang zu Pornografie. Wenn Sie Stellung zu gesellschaftlichen und politischen Themen nehmen, achten Sie darauf, dass diese im Rahmen der Gesetzgebung bleiben. Schreiben Sie über andere Personen, wahren Sie einen guten Ton, um nicht wegen Verleumdung oder Beleidigung eine Anzeige zu riskieren. Sie dürfen grundsätzlich natürlich nur legale Daten auf Ihrer Homepage bereitstellen.

Urheberrechte beachten

Alle Veröffentlichungen unterliegen dem Urheberrecht. Hier gibt es viele Dinge in einer Grauzone, z. B. das Einbinden von Youtube-Clips. Im Zweifelsfall lassen Sie sich rechtlich beraten. Jegliches geistige Eigentum ist geschützt; dies gilt natürlich auch im Internet. Übernehmen Sie einfach Bilder, Texte, Einträge oder Daten von anderen, so machen Sie sich strafbar. Achten Sie auf die genauen Lizenzbedingungen. Es gibt z. B. Bildrechte, die nur für nicht kommerzielle Nutzung gelten. Veröffentlichen Sie deshalb einen Vermerk auf Ihrer Website, dass Sie zum Einlenken bereit sind, falls Sie gegen einen Urheberschutz verstoßen. Es ist durchaus angebracht, diese Information auf der Impressumsseite anzubringen, da diese von allen Seiten erreicht werden kann und im Falle eines Verstoßes der Kläger noch vor der Kontaktaufnahme Ihre Kooperationsbereitschaft erkennt. Ansonsten drohen Ihnen kostspielige Abmahnungen sowie Anwaltskosten in Höhe von mehreren Hundert Euro. Linksammlungen fallen ebenfalls unter den Urheberschutz, wie im § 87 b I I UrhG deutlich wird. Das Kopieren von Linksammlungen ist deshalb nicht zulässig. Treten Sie mit dem Besitzer der jeweiligen Sammlung in Verbindung und streben eine Einigung an.

Model-Release

Egal ob Sie als Hobby- oder Berufsfotograf fotografieren: Vorsicht ist geboten, sobald einzelne Personen auf dem Foto zu erkennen sind. Das gilt selbst, wenn das Foto verwackelt und unscharf ist. Es spielt auch keine Rolle, ob Sie diese Fotos verkaufen oder nur auf Ihrer eigenen Webseite veröffentlichen wollen. Wenn Sie diese veröffentlichen oder verkaufen wollen (egal ob auf der eigenen Webseite oder über eine Bildagentur), müssen Sie von jedem Fotomodell ein so genanntes Model-Release unterschreiben lassen. Und zwar vor dem Foto-Shooting. Ein Model-Release-Vertrag ist ein Vertrag zwischen Fotograf und Fotomodell, in dem die Rechteübertragung an den Fotografen für die Veröffentlichung und Verbreitung (also auch Verkauf) der Bilder rechtsverbindlich vereinbart wird.

Gästebuch, Foren, Kommentare

Stellt man seine eigene Seite ins Netz, will man sich mitteilen und zu dem Besucher Kontakt aufbauen. Das Web 2.0 bietet viele Möglichkeiten dazu. Bieten Sie die Möglichkeit eines öffentlichen Austausches, dann haben Sie die Verantwortung für die Inhalte. Sie müssen also alle Äußerungen begutachten und eventuell entfernen, wenn hier Gesetzesverstöße vorliegen.

Entfernen Sie entsprechende Inhalte oder Beiträge schnellstmöglich – auch im Interesse anderer Homepagebetreiber, die eventuell zu Ihrer Seite Verlinkungen gesetzt haben.

Vergessen Sie nicht, dass die Beiträge zwar nicht von Ihnen erstellt worden sind, wohl aber unter Ihrem „Namen" im Internet zu finden sind.

Anhang

Fachausdrücke und Ihre Bedeutung

In den folgenden Begriffserklärungen haben wir Formulierungen von www.Wikipedia.de teilweise übernommen.

Administration
Der Administrator ist der erste Ansprechpartner bei technischen Problemen, Fragen oder Anregungen zu einer Website. Er besitzt meist uneingeschränkte Nutzungsrechte. Bei kleinen Unternehmen wird diese Funktion in Personalunion durch den Webmaster erfüllt. Webmaster befassen sich mit der Planung, grafischen Gestaltung, Entwicklung, Wartung, Vermarktung und Administration von Websites.

Algorithmus
Algorithmen sind Computerprogramme, die über Signale herausfinden, welches die besten Ergebnisse für Ihre Suchanfrage sind.

Apple Safari
Safari heißt das Browserprogramm der Firma Apple. Es wird kostenfrei bereitgestellt und gehört zum Auslieferungsumfang von Apples Betriebssystemen OS-X sowie von allen iPhone- und iPads-Betriebssystemen iOS.

Attribut
HTML-Befehle werden durch Attribute ergänzt. Sie geben den HTML-Befehlen weitere Eigenschaften. Beispiele: Das Nofollow-Attribut klassifiziert einen Link, der für die Suchmaschinen wertlos ist. Es handelt sich dabei um eine Anweisung im HTML-Code. Suchmaschinen werden dadurch veranlasst, Rückverweise nicht zur Berechnung der Linkpopularität heranzuziehen; Das Alt-Attribut verleiht Bildern eine Beschreibung für Suchmaschinen; das Target-Attribut öffnet einen Link z. B. in einem neuen Fenster. Attribute sind i. d. R. nur im Quelltext der Webseite sichtbar.

Auszeichnung
Im Quellcode jeder HTML-Seite gibt es logische Elemente zur Auszeichnung von Text. Logische Textauszeichnungen haben Bedeutungen wie „betont" oder „emphatisch". Bei logischen Elementen entscheidet der Webbrowser oder das Webdesign der Website, wie ein solcher Text hervorgehoben wird (z. B. fett, kursiv oder andersfarbig).

Back-End
Die Begriffe Front-End und Back-End (aus dem Englischen, vorderes und hinteres Ende) werden in der Informationstechnik in Verbindung mit einer Schichteneinteilung verwendet. Dabei ist typischerweise das Front-End näher am Benutzer, das Back-End näher am System. Die im Hintergrund arbeitenden CMS-Administrationsoberflächen werden so bezeichnet.

Backlink
Ein Rückverweis oder Backlink bezeichnet einen eingehenden Link auf eine Webseite, der von einer anderen Webseite aus auf diese führt. In vielen Suchmaschinen wird die Anzahl und Beschaffenheit der Rückverweise als Maß für die Linkpopularität oder Wichtigkeit einer Webseite verwendet.

Backup-Routine
Datensicherung (engl. backup) bezeichnet das Kopieren (Sichern) von Daten in der Absicht, diese im Fall eines Datenverlustes zurückkopieren zu können. Eine Backup-Routine bezeichnet einen meist automatisch ablaufenden Sicherungsprozess.

Blogsystem
Unter Blogsystem versteht man eine Software, mit der ein Weblog betrieben werden kann.

Browser
Webbrowser oder allgemein auch Browser (engl. to browse, schmökern, umsehen, auch abgrasen) sind spezielle Computerprogramme zur Darstellung von Webseiten im World Wide Web oder allgemein von Dokumenten

und Daten. Das Durchstöbern des World Wide Webs beziehungsweise das aufeinanderfolgende Abrufen beliebiger Hyperlinks als Verbindung zwischen Webseiten mit Hilfe eines solchen Programms wird auch als Internetsurfen bezeichnet. Neben HTML-Seiten können Webbrowser auch andere Arten von Dokumenten, wie zum Beispiel Bilder und PDF-Dokumente, anzeigen.

Content
Der Anglizismus **Content** bezeichnet Informationsinhalte einer ganzen Website. Während der deutsche Begriff Inhalt von seiner Bedeutung mehr den Inhalt einer Webseite meint, wird der Begriff Content gern für die Bezeichnung aller Inhalte einer Website verwendet.

Copyrights
Siehe Urheberrecht

CMS
Ein Content-Management-System (kurz: CMS, deutsch „Inhaltsverwaltungssystem") ist eine Software zur gemeinschaftlichen Erstellung, Bearbeitung und Organisation von Inhalten (Content). Zumeist in Webseiten, aber auch in anderen Medienformen. Diese können aus Text- und Multimediadokumenten bestehen. Ein Autor mit Zugriffsrechten kann ein solches System in vielen Fällen mit wenig Programmier- oder HTML-Kenntnissen bedienen, da die Mehrzahl der Systeme über eine grafische Benutzeroberfläche verfügt.

CSS
Cascading Style Sheets (engl. für stufenförmige oder hintereinander geschachtelte Gestaltungsvorlagen), kurz CSS genannt, ist eine Programmiersprache für Stilvorlagen (engl. stylesheets) von strukturierten Dokumenten. Sie werden vor allem zusammen mit HTML, XHTML und XML eingesetzt. Gemeinsam mit diesen geben Sie einer Webseite ihre Gestaltung, ihr Aussehen.

Cross-Media-Konzepte

Crossmedia bezeichnet die Möglichkeit, über mehrere inhaltlich, gestalterisch und redaktionell verknüpfte Kanäle zu kommunizieren. Sie führt den Nutzer zielgerichtet über die verschiedenen Medien und bietet eine Vielzahl von Variationen, Inhalte zu produzieren und zu verbreiten. Crossmedia könnte z. B. bedeuten, Informationen verzahnt über Drucksachen, Fernsehwerbung, Messeauftritte und ein Internetspiel zu verbreiten. Sinnvolle Marketingaktivitäten sind heutzutage immer Cross-Media konzipiert.

Datenschutz

Datenschutz ist ein in der zweiten Hälfte des 20. Jahrhunderts entstandener Begriff. Unter Datenschutz versteht man den Schutz vor missbräuchlicher Datenverarbeitung, den Schutz des Rechts auf informationelle Selbstbestimmung, den Schutz des Persönlichkeitsrechts bei der Datenverarbeitung oder den Schutz der Privatsphäre. Datenschutz steht für die Idee, dass jeder Mensch grundsätzlich selbst entscheiden kann, wem, wann, welche seiner persönlichen Daten zugänglich sein sollen. In der heutigen Welt des Big Data eine große Herausforderung. (Big Data bezeichnet große Datenmengen aus vielfältigen Quellen, die mit Hilfe neu entwickelter Methoden und Technologien erfasst, verteilt, gespeichert, durchsucht, analysiert und visualisiert werden können.)

Disclaimer

Der Begriff Disclaimer (engl. to disclaim = abstreiten, in Abrede stellen) wird im Internetrecht als Fachausdruck für einen Haftungsausschluss verwendet. Dabei kommen Disclaimer vorwiegend in E-Mails und auf Webseiten vor.

Duplicate Content

Duplicate Content (engl. für doppelter Inhalt) bezeichnet die Darstellung von gleichem Inhalt auf verschiedenen Webseiten. Dies gilt sowohl für Webseiten der gleichen als auch unterschiedlicher Domains. Suchmaschinen filtern Duplicate Content heraus oder bewerten ihn zum Teil sogar negativ. Gleiche Texte auf unterschiedlichen Subdomains (www.domain.de und blog.domain.de) gelten auch als Duplicate Content.

Dpi
Dpi (Abk. engl.: dots per inch = Punkte pro Zoll [ca. 2,54 cm]) ist eine Maßeinheit für die Auflösung im Druck und anderen Wiedergabesystemen (Bildschirmen, Scanner u. a.).

Drupal
Drupal ist ein Content-Management-System (CMS) und -Framework. Seine Hauptanwendung findet Drupal bei der Organisation von Websites, im Februar 2013 bei 2,3 % aller Websites mit einem Marktanteil von 7,2 % bei CMS laut W3Techs. Drupal ist freie Software und steht unter der GNU General Public License. Es ist in PHP geschrieben und verwendet MySQL/MariaDB (empfohlen), PostgreSQL (unterstützt), SQLite (ab 7.x), Oracle (in Entwicklung) oder MSSQL (in Entwicklung) als Datenbanksystem.

Front-End
Die Begriffe Front-End und Back-End (aus dem Englischen „vorderes und hinteres Ende") werden in der Informationstechnik in Verbindung mit einer Schichteneinteilung verwendet. Dabei ist typischerweise das Front-End näher am Benutzer, das Back-End näher am System.

GNU General Public License
Die GNU General Public License (auch GPL oder GNU GPL) ist die am weitesten verbreitete Software-Lizenz, die den Endnutzern (Privatpersonen, Organisationen, Firmen) die Freiheit garantiert, die Software nutzen, studieren, verbreiten (kopieren) und ändern zu dürfen. Software, die diese Freiheitsrechte gewährt, wird Freie Software genannt.

Google Analytics
Google Analytics ist ein kostenfreier Webstatistik-Dienst des US-amerikanischen Unternehmens Google Inc., der der Datenverkehrsanalyse von Webseiten dient. Der Dienst untersucht u. a. die Herkunft der Besucher, ihre Verweildauer auf einzelnen Seiten sowie die Nutzung von Suchmaschinen und erlaubt damit eine bessere Erfolgskontrolle von Werbekampagnen.

Google Chrome
Google Chrome ist ein kostenfreier Webbrowser (Computerprogramm), der vom US-amerikanischen Unternehmen Google Inc. entwickelt wurde und seit dem 2. September 2008 verfügbar ist.

Google PageSpeed Insights
Google PageSpeed Insights ist Teil eines kostenfreien Webanalyse-Tools, das vom US-amerikanischen Unternehmen Google Inc. angeboten wird. Es analysiert das Ladezeitverhalten einer Website inkl. seiner Bestandteile sowie das Antwortverhalten des Servers.

Google Keyword-Planer
Google Keyword-Planer ist Teil des Werbedienstes Google AdWords, der vom US-amerikanischen Unternehmen Google Inc. betrieben wird. Er dient u. a. zur Suche nach neuen Keyword-Ideen, der Recherche von Suchvolumen bestimmter Keywords und den Traffic-Analysen von Suchbegriffen. Der Google Keyword-Planer bietet einen einzigartigen Einblick in Details von Googles Suchergebnissen und kann für Keyword-Analysen genutzt werden.

Google Keyword-Tool
Google Keyword-Tool ist der Vorgänger des Tools Google Keyword-Planer, mit dem bis zum Jahre 2013 Keyword-Analysen möglich waren.

Google AdWords
Google AdWords (englisches Wortspiel mit „adverts" und „words") ist ein Werbesystem des Internetkonzerns Google Inc. Mit seiner Einführung im Jahr 2000 gab Google seine Werbefreiheit auf, die bis dahin ein Zeichen der Unabhängigkeit und Geschwindigkeit der Suchmaschine sein sollte. Werbetreibende können mittels Google AdWords Anzeigen schalten, die sich an den Suchergebnissen von Google orientieren. Auch bei YouTube und anderen Websites, die Werbeeinblendungen verwenden (Google Adsense), kann AdWords verwendet werden.

Google Update
Als Google Updates werden Veröffentlichungen eines neuen Algorithmus der Suchmaschine Google bezeichnet. Es ist also eine Verbesserung der Software, die Google für seine Suchergebnisse nutzt. Sie dient aber ebenso der Vermeidung einer Verfälschung der SERPs durch zu starke Suchmaschinenoptimierung.

HTML
Die Hypertext Markup Language (Hypertext-Auszeichnungssprache), abgekürzt HTML, ist eine Auszeichnungssprache. Sie wird als solche jedoch nicht programmiert, sondern schlicht geschrieben. HTML wird zur Strukturierung von Inhalten wie Texten, Bildern und Hyperlinks in Dokumenten verwendet. HTML-Dokumente sind die Grundlage des World Wide Web. Neben den vom Browser angezeigten Inhalten einer Webseite enthält HTML zusätzliche Angaben in Form von Meta-Informationen, die z. B. Auskunft über die im Text verwendete Sprache oder den Autor geben oder sie fassen den Inhalt des Textes zusammen.

HTML-Tag
Als HTML-Tag werden die einzelnen Auszeichnungselemente (Befehle) einer HTML-Seite verstanden.

<h1>-Tag
Mit dem h1-Befehl wird im Quelltext einer Webseite eine Überschrift der Ordnung 1 definiert – also die Hauptüberschrift. Sie kommt auf einer guten Website nur ein einziges Mal vor. Die Befehle h2, h3, h4, h5 und h6 legen die untergeordneten Überschriften fest. Sie können mehrfach auftreten und werden zur hierarchischen Gliederung einer Webseite eingesetzt.

<head>-Tag
Das Head-Element (Kopf-Element) bezeichnet eines der beiden Hauptbestandteile des HTML-Quellcodes. Es enthält die auf der Webseite unsichtbaren Kopfdaten, zum Beispiel Meta-Informationen, die Information zur Sprachcodierung u. a. m. Das Body-Element dagegen beinhaltet die auf der Webseite i. d. R. sichtbaren Daten (Inhalt).

Iframe-Quelltext

Der Begriff Iframe ist die Kurzform von Inlineframe. Es handelt sich dabei um ein HTML-Element, das der Strukturierung von Webseiten dient. Er wird benutzt, um andere Webinhalte als selbstständige Dokumente in einem definierten Bereich des Browsers anzuzeigen. Ein YouTube-Iframe erlaubt die Einbettung, Nutzung und das Abspielen eines YouTube-Videos auf einer beliebigen Website als (scheinbarem) Bestandteil der Website. Die Videodaten werden dabei als Videostream (permanenter Datenstrom) von YouTube an die Website übertragen.

IP-Adresse

Die IP-Adresse ist in etwa vergleichbar mit der Adresse auf einem Briefumschlag – nur, dass sie einem bestimmten Computer zugewiesen ist und sich in Computernetzen wie zum Beispiel dem Internet befindet. Dabei ist sie nicht an einen bestimmten Ort gebunden und kann auch einzelne Empfänger oder eine Gruppe von Empfängern bezeichnen. Umgekehrt können einem Computer auch mehrere IP-Adressen zugeordnet sein. Die IP-Adresse wird verwendet, um Daten von ihrem Absender zum vorgesehenen Empfänger zu transportieren. Die „Poststellen", sog. Router, entscheiden dabei wohin das „Paket" weitertransportiert werden soll.

Joomla

Joomla ist ein verbreitetes freies Content-Management-System (CMS) zur Erstellung von Webseiten. Joomla steht unter der GNU General Public License. Es ist in PHP 5 geschrieben und verwendet MySQL als Datenbank. Zusammen mit Wordpress, TYPO3, Contao und Drupal gehört es zu den bekanntesten und meistverwendeten Open Source Content-Management-Systemen.

Keyword

Ein Keyword (Schlüsselwort) ist meist ein gängiger Begriff, der einen starken Bezug zum Content einer Website hat. Ein typisches Schlagwort, das meist auch von Internetnutzern in die Suchmaschine eingegeben wird, um bestimmte Inhalte zu finden. Es kann sich dabei sowohl um einzelne Begriffe, als auch um die Kombination mehrerer Wörter, Zahlen oder Zeichen handeln.

Keyword-Dichte
Die Suchwort- oder Keyword-Dichte (engl. keyword density) beschreibt, wie häufig ein Begriff (das Suchwort) in einem Dokument vorkommt. Sie ist der Quotient aus der absoluten Anzahl eines bestimmten Terms (Wort oder Wortkombination) und der Anzahl aller Terme im Dokument.

Kollaboratives Schreiben
Der Begriff kollaboratives Schreiben bezeichnet Projekte, bei denen Texte in Zusammenarbeit von mehreren Personen entstehen.

Latente Semantische Indexierung (LSI)
Latent Semantic Indexing (LSI) ist ein patentgeschütztes Verfahren, dass insbesondere für die Suche großen Datenmengen wie dem Internet von Interesse ist. Das Ziel von LSI ist es, Hauptkomponenten von Dokumenten zu finden. Aus sehr vielen Dokumenten (wie sie beispielsweise im Internet stehen) werden diejenigen herausgefunden, in denen es um ein bestimmtes Suchwort geht, auch wenn in ihnen das Suchwort nicht explizit vorkommt.

Lightbox
Der englische Begriff Lightbox (Lightbox = Lichtkasten) bezeichnet eine weit verbreitete Art, auf einer Website kleine Fotos als Vorschaubilder zu nutzen. Dieselben Bilder in „groß" werden erst auf Klick in einem neuen Fenster (ähnlich einem Lichtkasten) präsentiert. Diese Technik wird sehr häufig bei der Präsentation von Einzelbildern und Bildergalerien eingesetzt und spart enorm Speicherplatz, da lediglich die Daten der kleinen Vorschaubilder auf der Website bereit stehen müssen.

Link-Attribute
Siehe Attribute

Linkbuilding
Linkaufbau (engl. Linkbuilding) bezeichnet den gezielten, absichtlichen, (unnatürlichen) Aufbau der Anzahl und Qualität von Links (Backlinks) zu einem Internetprojekt. Der Linkaufbau wird dem Bereich der Suchmaschinenoptimierung zugerechnet.

Linkpopularität

Die Linkpopularität ist ein Maßstab für die Anzahl, Qualität und Herkunft von Hyperlinks, die auf eine Webseite weisen. Je häufiger eine Seite verlinkt wird, desto höher ist ihre Linkpopularität. Sie wird von Suchmaschinen zur Bewertung von Webseiten verwendet (Ranking) und spielt deshalb bei der Suchmaschinenoptimierung eine wichtige Rolle.

Netzwerkprotokoll https

HyperText Transfer Protocol Secure (kurz HTTPS, engl. für sicheres Hypertext-Übertragungsprotokoll) ist ein Kommunikationsprotokoll im World Wide Web, um Daten abhörsicher zu übertragen.

Newsletter

Als Newsletter (engl. für Mitteilungsblatt oder Infobrief) wird ein (meist elektronisches) Rundschreiben bezeichnet. Informationen (meist zu speziellen Themen) werden dazu mehr oder weniger regelmäßig per E-Mail an eine Gruppe von Empfängern gesendet. Hierbei sind die Regelungen des Datenschutzes zu beachten. Die Empfänger haben sich selbst als Interessenten in eine Newsletterliste eingetragen, ihr Einverständnis (Opt-In) liegt also vor.

Meta-Description

Das Meta Element Meta-Description (in HTML oder XHTML Dokumenten) dient meist zur kurzen, aber konkreten Beschreibung von Website-Inhalten. Man findet es im Kopfbereich (head element) einer Website, der auch andere unsichtbare Daten enthält.

Meta-Title

Das Meta-Element Meta-Title hilft dem Nutzer, das Thema einer Website einzuschätzen. Er wird dazu im Quelltext einer Website innerhalb des Kopfbereichs (head element) notiert. Meta-Daten sollen vor allem die Informationen einer Website beschreiben und sie dadurch im World Wide Web besser auffindbar machen. Meta-Title werden in Google Suchergebnissen fett gedruckt angezeigt.

Microsoft Explorer

Der Internet Explorer (offiziell Windows Internet Explorer) ist ein Webbrowser (Computerprogramm), mit dem im Internet gesurft werden kann. Der Softwareherstellers Microsoft Inc. hat es für sein Betriebssystem Windows entwickelt. Seit Windows 95B ist der Internet Explorer fester Bestandteil dieses Betriebssystems. Bei älteren Windows-Versionen kann er nachinstalliert werden.

Mind-Map

Der Begriff Mind-Map (engl.: mind map; auch: Gedanken[land]karte, Gedächtnis[land]karte) wurde von Tony Buzan geprägt. Der britische Mentaltrainer stellte mit dieser Methode Gedanken, Ideen und Assoziationen zu einem Thema bildlich dar. Sein Ziel war es, die Fähigkeiten des Gehirns besser zu nutzen. Tatsächlich ähnelt eine fertige Mind-Map durchaus einer Landkarte. Das zentrale Thema wird dabei als Text (oder Bild) in die Mitte einer Grafik geschrieben. Von dort aus gehen gebogene Linien ab, die zu weiteren Ideen/Gedanken führen. Auch von diesen zweigen wieder neue Linien zu neuen Assoziationen ab. So entstehen verschiedene Gedankenebenen (Unterkapitel) zu einem zentralen Thema. Die Mind-Map wird daher zum Planen oder als Mitschrift genutzt.

Monitoring

Mit Monitoring bezeichnet man die laufende Erfolgsüberwachung von Website-Aktivitäten hinsichtlich Fehler, Erfolge, Besucher, Verhalten u. v. a. m., um bei Bedarf steuernd einzugreifen.

Mozilla Firefox

Mozilla Firefox, auch kurz Firefox genannt, ist ein freier Webbrowser des Mozilla-Projektes, der das Surfen im Internet ermöglicht. Er wurde im September 2002 veröffentlicht und gehörte im September 2013 mit einem weltweiten Marktanteil von etwa 18 Prozent zu den drei am häufigsten genutzten Webbrowsern.

MySQL

MySQL ist eines der weltweit am weitesten verbreiteten, relationalen Datenbank-Verwaltungssystemen. Es ist als Open Source Software sowie als kommerzielle Enterprise-Version für verschiedene Betriebssysteme verfügbar und bildet die Grundlage für viele dynamische Webauftritte. MySQL wurde 1994 vom schwedischen Unternehmen MySQL AB entwickelt. 2008 wurde MySQL AB von Sun Microsystems übernommen, das 2010 von Oracle gekauft wurde. Der Name MySQL setzt sich zusammen aus dem Vornamen My, der Tochter des MySQL AB Mitbegründers M.Widenius, und SQL (engl. Structured Query Language = Strukturierte Abfragesprache).

Movable Type

Movable Type (dt.: bewegliche Letter) ist ein weit verbreitetes, freies (unter GPL) Weblog Publishing System, das vom kalifornischen Unternehmen Six Apart entwickelt wurde. Six Apart unterhält noch zwei andere Systeme dieser Art, nämlich TypePad und Vox. Während Movable Type auf dem eigenen Webserver des Benutzers installiert werden muss, handelt es sich bei TypePad um einen gehosteten Dienst. Ebenso bei Vox, das allerdings gegenüber TypePad den Gemeinschaftsaspekt in den Vordergrund stellt. Movable Type ist aufgrund seiner Funktionalität und Anpassbarkeit auch als CMS-System gut und vielseitig einsetzbar.

Offpage SEO

Die „OffPage-Optimierung" für Suchmaschinen findet fernab der zu optimierenden Seite statt. Man bezeichnet damit alle SEO-Maßnahmen außerhalb der zu optimierenden Website.

Onpage SEO

Die OnPage-Optimierung für Suchmaschinen umfasst alle inhaltlichen Anpassungen der eigenen Internetseite. Hierzu zählen die Optimierung des Seiteninhalts (auch Content) in Bezug auf Formatierungen, Überschriften etc., aber auch technische Aspekte, wie Header und Tags sowie die interne Linkstruktur der Seite. In der Regel geht einer Optimierung aus SEO-Sicht immer eine OnPage-Optimierung voraus.

Opera

Opera ist ein kostenloser, urheberrechtlich geschützter Webbrowser, der für viele Plattformen verfügbar ist. Er vereint neben dem eigentlichen Browser auch ein Mailprogramm und weitere Werkzeuge. Entwickler ist das norwegische Unternehmen Opera Software ASA.

Open Source Software

Open Source und quelloffen nennt man Werke, deren Lizenzbestimmungen besagen, dass man mit deren Empfang auch den dazugehörigen Quelltext erhält. Open Source Software (kurz OSS) steht unter einer der von der Open Source Initiative (OSI) anerkannten Lizenzen. Diese Organisation stützt sich bei ihrer Bewertung auf die Kriterien der Open Source Definition. Diese besagt, dass Open Source Linzen weder Personen und Gruppen, noch Einsatzgebiete diskriminieren dürfen. Bei der Weitergabe an Dritte soll die Lizenz automatisch wirksam sein. Ebenso wird dort festgelegt, dass die Software frei kopiert, verändert wie unverändert weiterverbreitet werden darf.

PageView

Ein Seitenabruf (auch Page Impression) bezeichnet die Anzahl der Abrufe einer Website. Es kann dabei festgestellt werden, wo sich die Besucher innerhalb der Seite aufhalten und was sie dort tun.

PageRank Algorithmus

Der PageRank-Algorithmus ist eine spezielle Methode, die Linkpopularität einer Seite bzw. eines Dokumentes festzulegen. Das Grundprinzip lautet: Je mehr Links auf eine Seite verweisen, umso höher ist das Gewicht dieser Seite. Je höher das Gewicht der verweisenden Seiten ist, desto größer ist der Effekt. Ziel des Verfahrens ist es, die Links dem Gewicht entsprechend zu sortieren, um so eine Ergebnisreihenfolge bei einer Suchabfrage herzustellen, d. h. Links zu wichtigeren Seiten weiter vorne in der Ergebnisliste anzuzeigen. Der Algorithmus wurde von Larry Page (daher der Name PageRank) und Sergei Brin entwickelt.

Paretoprinzip

Das Paretoprinzip, benannt nach Vilfredo Pareto (1848–1923), auch Pareto-Effekt, 80-zu-20-Regel, besagt, dass 80 % der Ergebnisse in 20 % der Gesamtzeit eines Projekts erreicht werden. Die verbleibenden 20 % der Ergebnisse benötigen 80 % der Gesamtzeit und verursachen damit die meiste Arbeit.

Permalink

Ein Permalink ist eine URL (im allgem. Sprachgebrauch: Internetadresse) die so, wie sie angezeigt wird, auch permanent im Internet zu finden ist. Ziel eines Permalinks ist es, Inhalte, die einmal als zu diesem Link gehörend eingestuft wurden, dauerhaft über diese immer gleiche URL verfügbar zu machen.

PDF

Das Portable Document Format (PDF; (trans)portables Dokumentenformat) ist ein plattformunabhängiges Dateiformat für Dokumente, das vom Unternehmen Adobe Systems entwickelt und 1993 veröffentlicht wurde. Ziel war es, ein Dateiformat für elektronische Dokumente zu schaffen, das diese unabhängig vom ursprünglichen Anwendungsprogramm, vom Betriebssystem oder von der Hardwareplattform originalgetreu weitergeben kann. Ein Leser einer PDF-Datei soll das Dokument immer in der Form betrachten und ausdrucken können, die der Autor festgelegt hat. Die typischen Konvertierungsprobleme (wie veränderter Seitenumbruch oder falsche Schriftarten) beim Austausch eines Dokuments zwischen verschiedenen Programmen entfallen dadurch. Neben Text, Bildern und Grafiken kann eine PDF-Datei auch Hilfen enthalten, die die Navigation innerhalb des Dokumentes erleichtern. Dazu gehören beispielsweise anklickbare Inhaltsverzeichnisse und miniaturisierte Seitenvorschauen.

Perl

Perl ist eine freie, plattformunabhängige und interpretierte Programmiersprache (Skriptsprache). Mit Perl sind u. a. auch eine Reihe von Weblog- und CMS-Systeme realisiert (Beispiel: Movable Type).

Plug-In
Ein Plug-In (häufig auch Plugin; engl. to plug in = einstöpseln, anschließen, deutsch etwa Erweiterungsmodul) ist ein Softwaremodul, das in eine Softwareanwendung eingebunden werden kann, um deren Funktionalität zu erweitern.

PHP
PHP (Hypertext Processor) ist eine Skriptsprache, die hauptsächlich zur Erstellung dynamischer Webseiten oder Webanwendungen (Web-App) verwendet wird. PHP wird als freie Software unter der PHP-Lizenz verbreitet. PHP zeichnet sich durch breite Datenbankunterstützung und Internetprotokolleinbindung sowie die Verfügbarkeit zahlreicher Funktionsbibliotheken aus.

PhpMyAdmin
PhpMyAdmin ist eine freie PHP-Anwendungssoftware zur Verwaltung von MySQL-Datenbanken. Die Administration erfolgt über HTTP mit einem Browser. Daher können auch Datenbanken auf fremden Rechnern über eine Netzwerkverbindung oder über das Internet administriert werden.

Prosument
Der Begriff Prosument (engl. prosumer oder produser) bezeichnet Verbraucher oder Kunden, die gleichzeitig Produzenten sind.

Quellcode, Quelltext
Unter dem Begriff HTML-Quelltext, auch HTML-Quellcode (engl. source code), wird der maschinenlesbare Text einer HTML-Seite verstanden.

Rechte-System
Jede CMS-Software besitzt ein System, mit dem Benutzern bestimmte vordefinierte Rechte zur Nutzung der Software eingeräumt werden. Das Rechtesystem wird auf der Basis von Benutzerrollen verwaltet. Eine Benutzerrolle ist ein Bündel unterschiedlicher Rechte mit konkretem Ziel (Gast, Editor, Autor, Redakteur, Administrator).

Responsive Webdesign

Beim Responsive Webdesign (im Deutschen auch responsives Webdesign) handelt es sich um einen Webdesign-Trend, der stark die mobilen Endgerätenutzung berücksichtigt. Der gestalterische und technische Ansatz des Webdesigns geht davon aus, jedem Endgerät eine spezielle mediengerechte Website (PC, Notebook, Tablet, Smartphone etc.) zu präsentieren. Dies betrifft insbesondere die Anordnung und Darstellung einzelner Elemente wie beispielsweise Navigationen, Seitenspalten und Texte. Technische Basis hierfür sind neuere Webstandards wie HTML5, CSS3 und JavaScript.

Ressourcen Hunger

Der Begriff Ressourcen Hunger beschreibt den Bedarf eines Skriptes oder einer installierten Software hinsichtlich Prozessorleistung, Laufzeit und Speicherplatz des Servers während der Skriptausführung.

Scannen

Bezeichnet die schnelle überblicksorientierte Aufnahme eines Textes durch den Leser im Internet. Scannen ist ein Begriff, der beim Schnelllesen von Text ebenso Verwendung findet.

SEO

Suchmaschinenoptimierung oder Search Engine Optimization (SEO; engl.) bezeichnet Maßnahmen, die dazu dienen, das Suchmaschinenranking einer Website zu verbessern und somit in den unbezahlten Suchergebnissen (Natural Listings) auf höheren Plätzen zu erscheinen. SEO-Tools sind Werkzeuge, die den Betreiber bei der Optimierung unterstützen.

SERPs

Der Begriff (SERPs, Abk. von Search Engine Result Pages = Suchmaschinen Ergebnisseiten) bezeichnet die Reihenfolge, in der Suchmaschinen ihre ermittelten Ergebnisse auflisten. Diese Rangordnung wird durch den Suchmaschinenbetreiber festgelegt und hat das Ziel, dem Suchenden Seiten mit größtmöglicher Relevanz zu präsentieren.

Server
Ein Webserver (lat. servire = dienen; engl. server = Diener) ist ein Computer, der ständig mit dem Internet oder Intranet verbunden ist. Sein Dienst ist ein Programm, das dort Dateien zur Verfügung stellt, bzw. entgegennimmt (z. B. HTML-Dokumente oder andere Ressourcen). Dokumente können somit lokal, firmenintern und weltweit zur Verfügung gestellt werden.

Skimmend
Skimming (engl. skim = abschöpfen) beim Lesen bedeutet, dass der Leser einem Text schnell die wesentlichen Informationen entnimmt.

Suchmaschinen-Index
Dieser Begriff bezeichnet die Datenbank der Suchmaschinenbetreiber, aus deren Auswertung die Suchmaschinenpositionen einer Anfrage berechnet werden.

Suchmaschinen-Robots
Ein Webcrawler (auch Spider oder Searchbot) ist ein Computerprogramm, das automatisch das World Wide Web durchsucht und Webseiten analysiert. Webcrawler werden vor allem von Suchmaschinen eingesetzt. Ziel ist i. d. R. die Auswertung der Webseiten zur Aufnahme in den Suchmaschinen-Index.

Teaser
Ein Teaser (engl. tease = reizen, necken) oder Anreißertext ist in der Werbe- und Journalismussprache ein kurzes Text- oder Bildelement, das zum Weiterlesen, -hören, -sehen, -klicken verleiten soll.

Typo3
TYPO3 ist ein freies Inhaltsverwaltungssystem für Websites. TYPO3 gehört zusammen mit Drupal, Joomla und WordPress zu den bekanntesten Content-Management-Systemen aus dem Bereich der freien Software. Es wird vor allem im deutschen Sprachraum häufig eingesetzt – vorwiegend auf sehr großen Websites.

Thumbnail

Als Thumbnail (engl. für Minibild oder Vorschaubild; wörtlich Daumennagel) oder Vorschaubild, Bildvorschau, Miniaturbild (vom italienischen miniatura) werden kleine digitale Grafiken oder Bilder bezeichnet, die als Vorschau für eine größere Version dienen. So ist es möglich, ganze Bildergalerien sehr anschaulich darzustellen und trotzdem wenig Speichervolumen zu verbrauchen.

Urheberrecht

Das Urheberrecht bezeichnet das Recht auf den Schutz geistigen Eigentums. Wer z. B. als Autor, Verfasser, Künstler oder Erfinder produktiv war, den schützt das Urheberrecht. Das Urheberrecht umfasst auch die Rechte, die das Verhältnis des Urhebers und seiner Rechtsnachfolger zu seinem Werk regeln. Es bestimmt Inhalt, Umfang, Übertragbarkeit und Folgen der Verletzung dieses Rechts. Das Urheberrecht ist nicht übertragbar. Es umfasst die Verwertungsrechte, das Verbot, Werke ohne Zustimmung des Urhebers zu verändern und Vortrags-, Aufführungs- und Senderechte. Das Urheberrecht erlischt 70 Jahre nach dem Tod des Urhebers.

URL Uniform Resource Locator

Eine URL (engl.: Uniform Resource Locater), wird im allgemeinen Sprachgebrauch oft auch als Internetadresse oder Webadresse bezeichnet. Gemeint ist damit die Startseite einer Website bzw. eines ihrer Verzeichnisse oder einer ihrer Dateien. Doch die URL verrät noch mehr. Durch den Zusatz „http" zum Beispiel, erkennt der Rechner, dass er den Pfad im Internet suchen soll. Das Kürzel „ftp" zeigt an, dass die Daten auf einem anderen Rechner gespeichert sind .

Web 2.0

Der Begriff Web 2.0 bezeichnet Elemente im Internet, speziell im World Wide Web, die Benutzer erstellen, bearbeiten und verteilen. Einen solchen Nutzer bezeichnet man auch als Prosument. Prosumenten beeinflussen sowohl Qualität als auch Quantität von Inhalten im Netz. Unterstützt werden sie dabei von interaktiven Anwendungen, die Eingriffs- und Steuerungsmöglichkeiten bieten. Der Begriff 2.0 unterscheidet sich von einem (nachträglich so genannten) Web 1.0, in dem es nur wenige „Bearbeiter" gab, die Inhalte für das Web erstellten, dafür aber zahlreiche „Benutzer", die die Inhalte passiv nutzen.

Webdesigner
Die Aufgabe des Webdesigners ist die Erstellung und Pflege von Websites im World Wide Web. Er ist dabei in erster Linie für die Gestaltung, den Aufbau und die Nutzerführung verantwortlich. Ein Webdesigner kann auch die Aufgaben eines Webmasters ausüben.

Weblog
Das Weblog (kurz engl.: der Blog, Wortkreuzung aus World Wide Web und Log für Logbuch) ähnelt in seiner Funktion einem Tagebuch oder Journal. Es wird im Web geführt und ist meist öffentlich. Mindestens eine Person, der Web-Logger (kurz Blogger genannt), führt dort Aufzeichnungen, protokolliert Sachverhalte oder schreibt ihre Gedanken nieder.

Webhosting
Unter Webhosting (engl. to host = beherbergen, bewirten) versteht man die Unterbringung der Website auf dem Server (Computer) eines Internetanbieters (Internet Service Provider = IPS). Dieser stellt gleichzeitig auch den Speicherplatz zur Verfügung. Erst dadurch kann die Website ins Netz gelangen. Der Leistungsumfang solcher Angebote variiert dabei erheblich.

Webhoster
Anbieter von Webhosting-Angeboten im Internet.

Webmaster
Webmaster befassen sich mit der Planung, grafischen Gestaltung, Entwicklung, Wartung, Vermarktung und Administration von Websites und Webanwendungen im Internet oder im Intranet einer Organisation.

Webseite

Als Webseite bezeichnet man, Webdokumente, Internetseiten oder den Bestandteil eines Angebotes im World Wide Web. Eine Webseite besitzt eine URL (im allgemeinen Sprachgebrauch auch Internetadresse) und kann dadurch mit einem Browser (spezielles Computerprogramm) abgerufen und von einem Webserver angeboten werden. In diesem Zusammenhang wird auch von einer HTML-Seite oder einem HTML-Dokument gesprochen.

Website

Eine Website (Wortkombination aus dem Englischen site für Ort, Platz, Stelle und dem lateinischen situs für Lage oder Stellung) – im deutschen Sprachgebrauch auch Webauftritt (Internetauftritt), Webpräsenz (Internetpräsenz), Webangebot (Internetangebot) sowie Internetplattform (Webplattform) genannt – ist ein virtueller Platz im World Wide Web, an dem sich meist mehrere Webseiten (Dateien) und andere Ressourcen befinden. Diese sind üblicherweise durch eine einheitliche Navigation (durch Hypertext-Verfahren) zusammengefasst und verknüpft.

Web Portal

Der Ausdruck Portal (lat. porta = Pforte) bezeichnet in der Informatik ein Anwendungssystem, das sich durch die Integration von Anwendungen, Prozessen und Diensten auszeichnet. Ein Portal stellt seinem Benutzer verschiedene Funktionen zur Verfügung, wie z. B. Personalisierung, Sicherheit, Navigation und Benutzerverwaltung. Außerdem koordiniert es die Suche und die Präsentation von Informationen. Im allgemeinen Sprachgebrauch wird darunter der Spezialfall Webportal verstanden, der die Web-Anwendungen beschreibt, die Internetprovider, Webverzeichnisse, Browserhersteller und Suchmaschinenbetreiber in den späten 1990er Jahren als Einstiegsseiten für die Benutzer des World Wide Webs anboten (z. B. Yahoo, AOL, Lycos).

Webverzeichnis

Als Webverzeichnis (auch Webkatalog) bezeichnet man eine Sammlung von Adressen von Webseiten im World Wide Web, die nach bestimmten Themen (hierarchisch) sortiert sind.

Wordpress

Wordpress ist eine frei verfügbare Weblog-Software zur Verwaltung der Inhalte einer Website (Texte und Bilder). Sie bietet sich besonders zum Aufbau und zur Pflege eines Weblogs an. Sie erlaubt frei erstellbare Kategorien und die automatische Erzeugung von Navigationselementen. Parallel gestattet sie auch hierarchische Seiten. Weitere Funktionen sind Kommentarmanagement, eine zentrale Linkverwaltung, eine Verwaltung der Benutzerrollen und -rechte und die Möglichkeit externer Plug-Ins, womit WordPress in Richtung eines vollwertigen Content-Management-Systems ausgebaut werden kann. Wordpress basiert auf der Skriptsprache PHP und benötigt eine MySQL-Datenbank. Es ist freie Software, die unter der GNU General Public License (GPL) lizenziert wurde.

YouTube

YouTube ist ein Internet-Videoportal der Google Inc. mit Sitz im kalifornischen San Bruno, auf dem die Benutzer kostenlos Videoclips ansehen, bewerten und hochladen können.

YouTube-Kanal

Der sogenannte YouTube-Kanal ist die individuelle Website eines YouTube-Benutzers. Hier findet man seine Playlists und alle Videos, die er veröffentlicht hat. Man sieht die persönlichen Angaben des Benutzers, wie z. B. seinen echten Namen, sein Alter, das Beitrittsdatum etc. Des Weiteren lässt sich der Kanal vom Benutzer individuell gestalten. So kann man beispielsweise das Titelbild ändern, den Titel des Kanals ändern und Module wie Playlists hinzufügen und löschen.

Weiterführende Medien und Links

Lesenswerte Bücher

**Don't make me think! Web Usability:
Das intuitive Web**
mitp
Steve Krug

Die Homepage-Schule – Der effektivste Weg zur eigenen Website
Markt+Technik Verlag
Peter M. Müller

**Suchmaschinenoptimierung
Das umfassende Handbuch: Aktuell zu Google**
Panda und Penguin, Galileo Computing
Sebastian Erlhofer

**Suchmaschinenoptimierung:
Das umfassende Handbuch: Aktuell zu Google**
Hummingbird, Galileo Computing
Sebastian Erlhofe

**Website Boosting 2.0: Suchmaschinenoptimierung,
Usability, Online-Marketing**
mitp
Mario Fischer

**Modernes Webdesign mit CSS: Schritt für Schritt zur
perfekten Website - aktuell zu CSS3**
Galileo Design
Heiko Stiegert

Responsive Webdesign: Anpassungsfähige Websites programmieren und gestalten
Galileo Computing
Andrea Ertel und Kai Laborenz

Professionelles Webdesign mit (X)HTML und CSS: Standardkonformität, Accessibility und Usability, Farbe, Grafik und Typografie
Galileo Computing
Björn Seibert, Manuela Hoffmann

Fachzeitschriften

http://www.websiteboosting.com/
http://www.suchradar.de/

Interessante Weblinks

http://www.alistapart.com/
http://www.fivesimplesteps.com/
http://www.problogger.net
http://www.at-web.de/
http://www.abakus-internet-marketing.de/
http://www.seo-united.de/
http://www.sistrix.de/
http://googlewebmastercentral-de.blogspot.de/
http://www.dmoz.com/
http://www.smashingmagazine.com/

Verzeichnisse/Directories

http://www.dmoz.org/
http://de.wikipedia.org/wiki/Webverzeichnis

Tools

http://www.piwik.org/
https://www.google.com/analytics/web/
https://www.google.com/webmasters/tools/
https://adwords.google.com/KeywordPlanner
https://developers.google.com/speed/pagespeed/insights/
http://www.google.de/trends/
http://www.mattcutts.com/blog/
http://www.seitwert.de/
http://www.e-recht24.de/impressum-generator.html

CMS

http://wpde.org/
http://www.movabletype.com/
http://www.typo3.org/
http://www.drupal.org/
http://www.joomla.de/

Weitere Leitfäden dieser Reihe:

Auffallen, informieren,
überzeugen und bewegen

Mit guten Ideen und
Strategie zum Werbeerfolg

Bild und Text –
mehr als nur Layout-Zutaten

Das 1x1 guter Gestaltung /
Schwerpunkt Druckmedien

Wirkung potenzieren
durch Werbe-Mix

Kunden, Unterstützer und
Sponsoren gewinnen

www.ingramcontent.com/pod-product-compliance
Lightning Source LLC
Chambersburg PA
CBHW071210240526
45470CB00018B/1701